# 气体钻井技术及其在大庆油田的应用

杨智光 主编

石油工业出版社

# 前　　言

气体钻井可以大幅度提高硬地层钻井速度，同时对储层损害小，是提速和保护油气层理想的钻井方式之一，但同时其存在设备投入成本高、井壁稳定性差等问题。因此如何选择合适的地层，配备合适的设备仪器，充分发挥气体钻井的优势，是气体钻井成功的关键。

自 2005 年应用气体钻井技术以来，针对气体钻井过程中出现的问题，大庆油田做了大量攻关研究，形成了多项配套技术应对可能出现的问题，并在多口井的应用中不断完善。本书对这些研究成果和现场经验进行了总结，详细介绍了气体钻井地层优选、地层稳定性预测、地层出水层位及出水量预测、创造的经济效益、复杂事故及对策、出水出气的实时监测、雾化/泡沫的应用及设备的优化配套等内容。针对各技术细节，本书叙述得比较系统和全面。建立气体钻井经济效益模型，可量化计算气体钻井提速效果和经济效益；建立地层出气注气量计算模型，可以根据出气量给出合适的注气量；建立氮气混空气模型，可以量化给出不发生燃爆条件下的最高混空气量以提高氮气钻井实际注气量；出水出气监测系统，可以实时监测地层出水出气情况；通过吸水剂和不间断循环，解决微量出水问题；通过雾化泡沫解决较多出水问题；通过地层出水预测和井壁稳定预测，解决气体钻井选区选井选层问题。

本书涉及的部分研究成果是在国家科技重大专项及中国石油天然气集团有限公司、大庆油田有限责任公司和大庆钻探工程公司等重点科研项目的资助下完成的。因此，在本书出版之际，向国家科技重大专项管理部门和有关企业领导、同事表示衷心感谢！

本书提供的计算模型均设计了相关的软件，并提供了相应的计算范例，但读者应用时还需要根据实际地质情况修正相关的系数，确保更准确。由于作者水平有限，书中错误和不妥之处在所难免，恭请广大读者批评指正！

# 目 录

第一章 绪论 …………………………………………………………………………（ 1 ）
  第一节 气体钻井技术概念及分类 …………………………………………………（ 1 ）
  第二节 气体钻井技术应用 …………………………………………………………（ 7 ）
  第三节 大庆油田气体钻井技术发展概况及应用成果 ……………………………（ 12 ）

第二章 气体钻井设计技术 ………………………………………………………（ 17 ）
  第一节 适合气体钻井选层技术 ……………………………………………………（ 17 ）
  第二节 气体钻井出水预测技术 ……………………………………………………（ 20 ）
  第三节 气体钻井井壁稳定预测和井壁保护技术 …………………………………（ 24 ）
  第四节 钻具组合及钻井参数设计 …………………………………………………（ 29 ）
  第五节 气体钻井注气参数计算 ……………………………………………………（ 32 ）

第三章 气体钻井经济评价技术 …………………………………………………（ 36 ）
  第一节 气体钻井提高钻井速度经济性评价 ………………………………………（ 36 ）
  第二节 气体钻井保护储层经济性评价 ……………………………………………（ 41 ）

第四章 气体钻井工艺技术 ………………………………………………………（ 51 ）
  第一节 深层气体钻井工艺技术 ……………………………………………………（ 51 ）
  第二节 中浅层油层氮气钻井技术 …………………………………………………（ 54 ）

第五章 气体钻井配套装备及工具 ………………………………………………（ 61 ）
  第一节 气体钻井设备的组成 ………………………………………………………（ 61 ）
  第二节 设备的井场布置 ……………………………………………………………（ 62 ）
  第三节 供气设备 ……………………………………………………………………（ 63 ）
  第四节 二次增压设备 ………………………………………………………………（ 64 ）
  第五节 供液设备 ……………………………………………………………………（ 65 ）
  第六节 井口密封系统 ………………………………………………………………（ 67 ）
  第七节 地层出水出气燃爆监测系统 ………………………………………………（ 69 ）
  第八节 井下工具 ……………………………………………………………………（ 76 ）
  第九节 其他配套装备 ………………………………………………………………（ 77 ）

第六章 气体钻井地层出水安全钻进技术 ………………………………………（ 83 ）
  第一节 气体钻井条件下地层出水判别方法 ………………………………………（ 83 ）
  第二节 微量出水钻进技术 …………………………………………………………（ 84 ）
  第三节 雾化/泡沫钻井技术 …………………………………………………………（ 86 ）
  第四节 充气钻井技术 ………………………………………………………………（ 94 ）

I

| 第七章　气体钻井防爆技术 | （97） |
| --- | --- |
| 　第一节　空气钻井转成氮气钻井 | （97） |
| 　第二节　氮气混空气钻井技术 | （98） |
| 　第三节　气层安全起下钻技术 | （103） |
| 第八章　气体钻井防斜技术 | （112） |
| 　第一节　气体钻井钻柱受力计算模型 | （112） |
| 　第二节　气体钻井防斜的措施 | （115） |
| 第九章　气体钻井事故预防及处理技术 | （118） |
| 　第一节　气体钻井事故预防技术 | （118） |
| 　第二节　事故的应急预案 | （125） |
| 　第三节　气体钻井 HSE 设计 | （129） |
| 第十章　气体钻井应用案例 | （135） |
| 　第一节　XS21 井 | （135） |
| 　第二节　XS271 井 | （138） |
| 　第三节　GS2 井 | （144） |
| 　第四节　YS2 井 | （153） |
| 参考文献 | （159） |

# 第一章 绪论

## 第一节 气体钻井技术概念及分类

### 一、气体钻井技术概念

气体钻井是使用气体作为循环介质或作为循环介质的组分来冷却钻头并带出井筒内岩屑的钻井工艺技术。常用的气体有空气、氮气、天然气、柴油机尾气等。气体还可以与液体按不同比例并配活性剂进行雾化钻井、泡沫钻井和充气钻井。

### 二、气体钻井技术分类

气体钻井按气体钻井工艺可分为纯气体钻井、雾化钻井、泡沫钻井和充气钻井等。

**(一) 纯气体钻井**

纯气体钻井按使用气体成分可分为：空气钻井、氮气钻井、天然气钻井和柴油机尾气钻井等。

1. 空气钻井

空气钻井是以空气作为循环介质的钻井技术，主要用于非产层提高钻井速度，缩短钻井周期，流程图如图1-1所示。

空气是气体钻井应用最多的循环介质。钻进时空气压缩机从大气中吸入空气，并经过输出高压空气。如果该压力能满足气体钻井需要，可以直接注入井筒循环。如果压力不足，可经过增压机继续增压直到达到钻井所需的压力。注入管线要有气体流量计，实时监测注入流量是否达到设计注入量；注入管线还要有两根泄气管线，接单根时泄掉设备管线和立管中的高压空气。从井筒中返出的气体和岩屑经过旋转防喷器侧口进入排砂管线。排砂管线要设置取样口，供录井人员取岩样。还需设置除尘口，通过向里面喷水减少出口的粉尘排放。空气钻井如果遇到可燃气体，则有发生井下燃爆的危险(如何防爆参看本书第七章)，因此钻进时需要及时监测返出物中可燃气体、氧气和二氧化碳含量变化，判断是否出气和发生燃爆(参看本书第五章第七节)。为避免燃爆可应用氮气钻井、天然气钻井或柴油机尾气钻井三种方式。

2. 氮气钻井

氮气钻井是以氮气作为循环介质的钻井技术，主要用于产层。氮气钻井流程与空气钻井完全相同，只是增加了一个制氮环节，膜制氮流程图如图1-2所示。

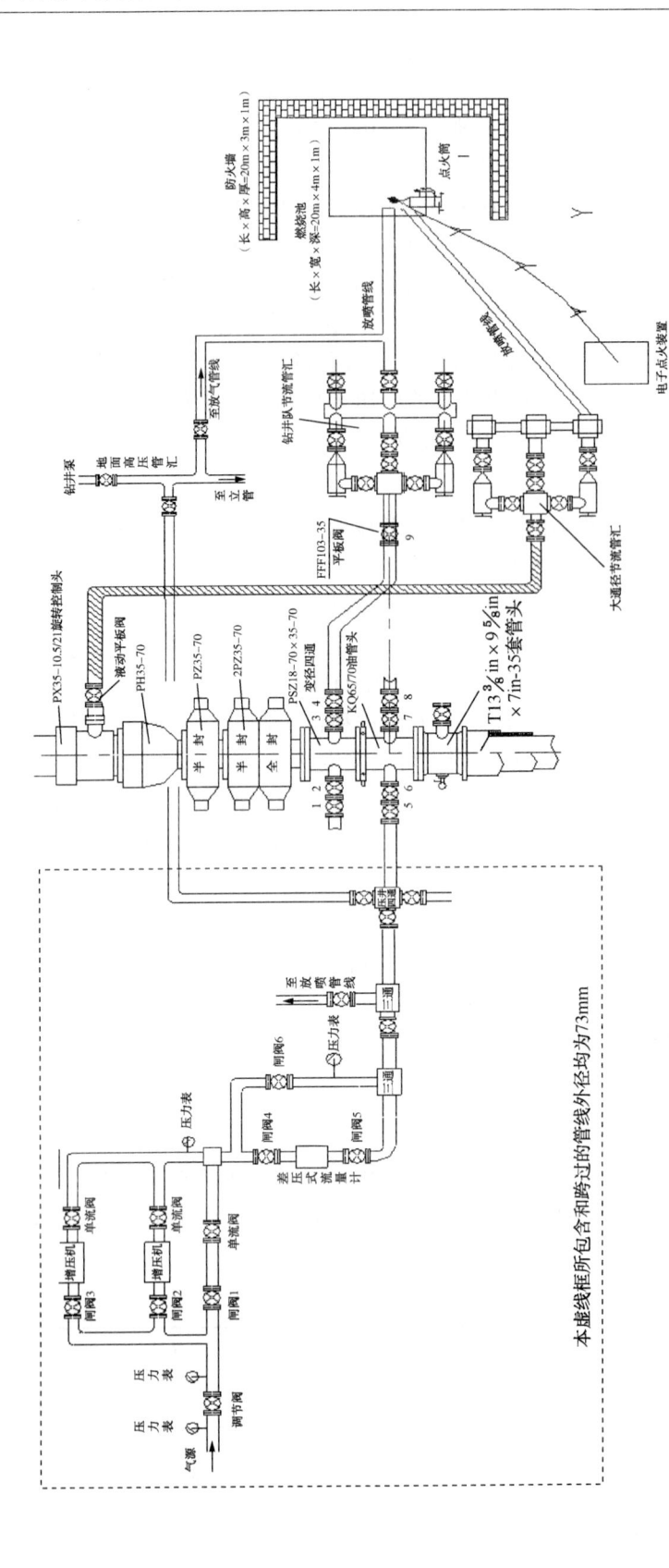

图1-3 天然气钻井流程图

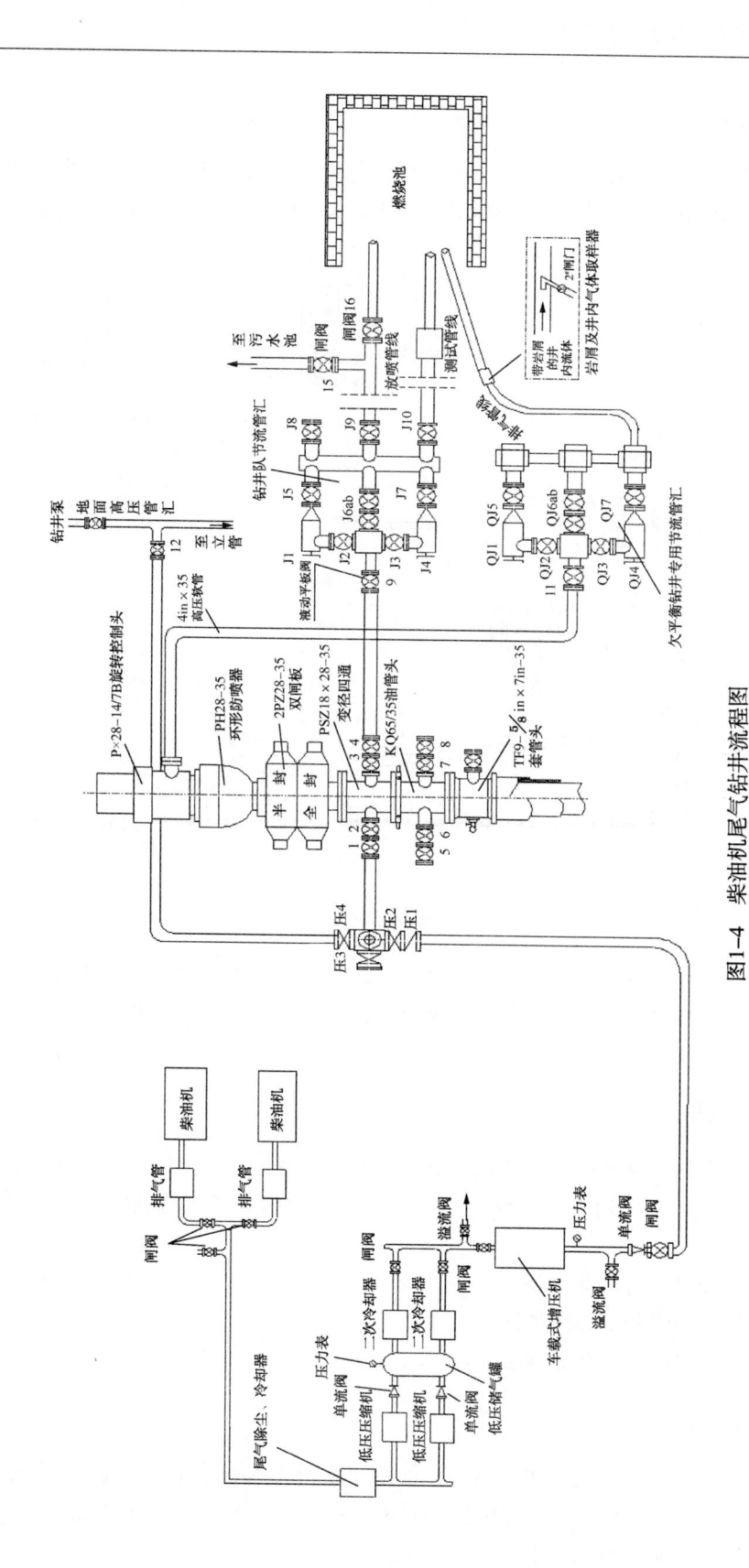

图1-4 柴油机尾气钻井流程图

### (二) 雾化钻井

将少量的水、发泡剂和压缩的空气一起注入井内，通过发泡剂降低井眼中水的界面张力，在返出的气流中水分散成极细的雾状物，和气体一起返出井口，称为雾化钻井。流程图如图1-5所示。

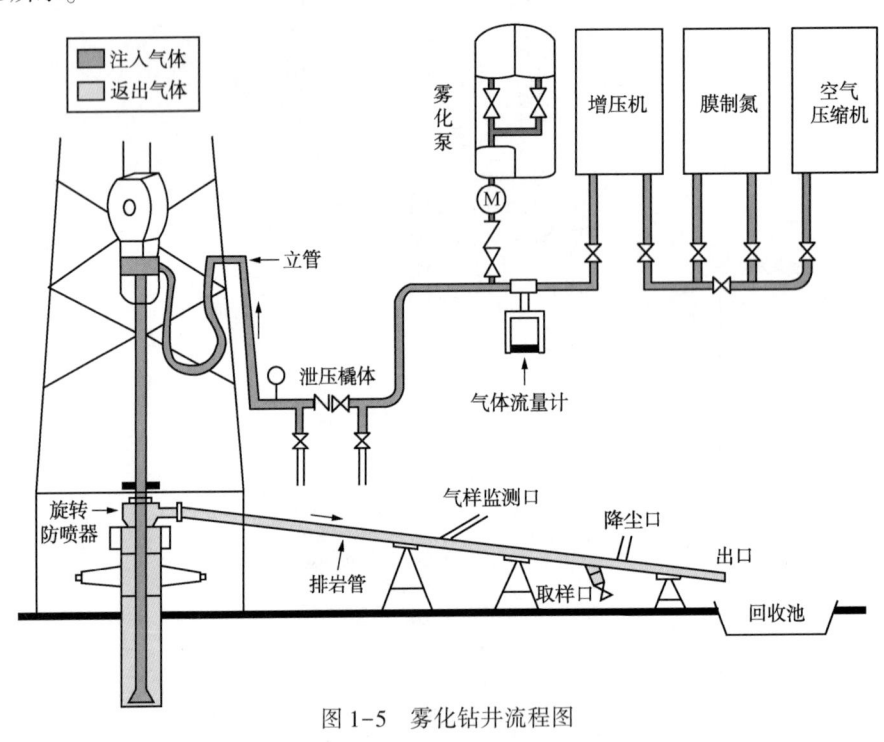

图1-5 雾化钻井流程图

纯气钻井时地层少量出水能把岩屑混合成泥，形成泥环，导致卡钻，此时可通过雾化钻井解决。通过注入雾化液，可避免岩屑形成泥团，并将岩屑携带到地面。雾化钻井一般需要比纯气钻井增加30%~40%的气量。

### (三) 泡沫钻井

泡沫钻井是指钻井时将气体分散在少量含起泡剂的液体中作为循环介质的工艺，液体是外相(连续相)，气体是内相(非连续相)，其产生黏度的机理是气泡间的相互作用。流程图如图1-6所示。

当地层出水较多通过雾化解决不了时，可转为泡沫钻井。泡沫不仅可以大大减少空气量，还因其携屑能力强而更具优越性。

稳定泡沫的当量密度可在0.06~0.72g/cm³范围内调节。

### (四) 充气钻井

即在常规的钻井液中注入气体，形成一种钻井液和气体的混合物，其密度可根据井深和注入的气量进行调整，一般充气钻井液的当量密度控制在0.8~1.0g/cm³范围内。该方式一般用于欠平衡钻井，流程图如图1-7所示。

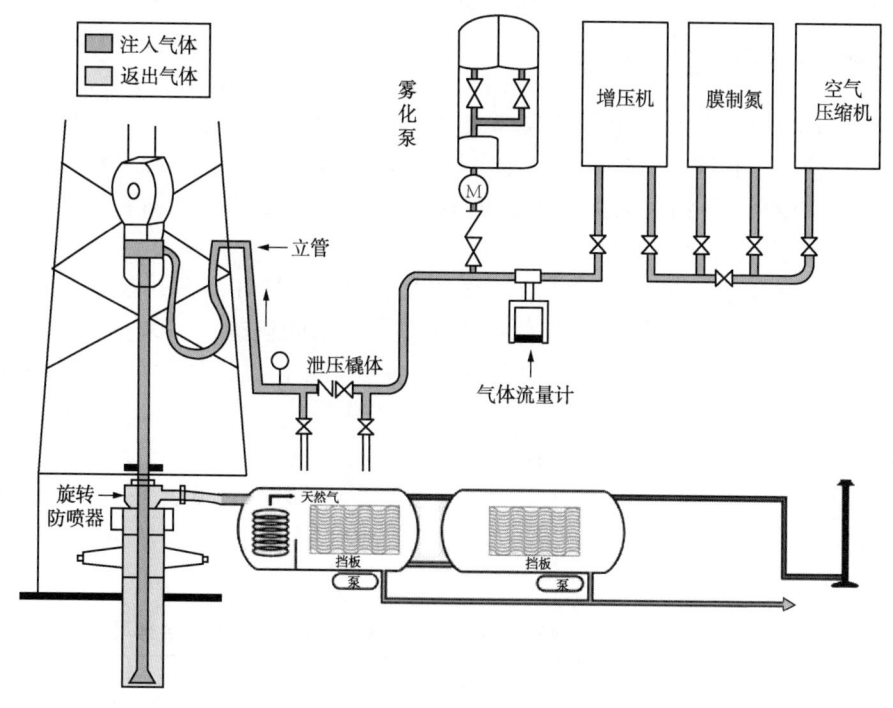

图 1-6　泡沫钻井流程图

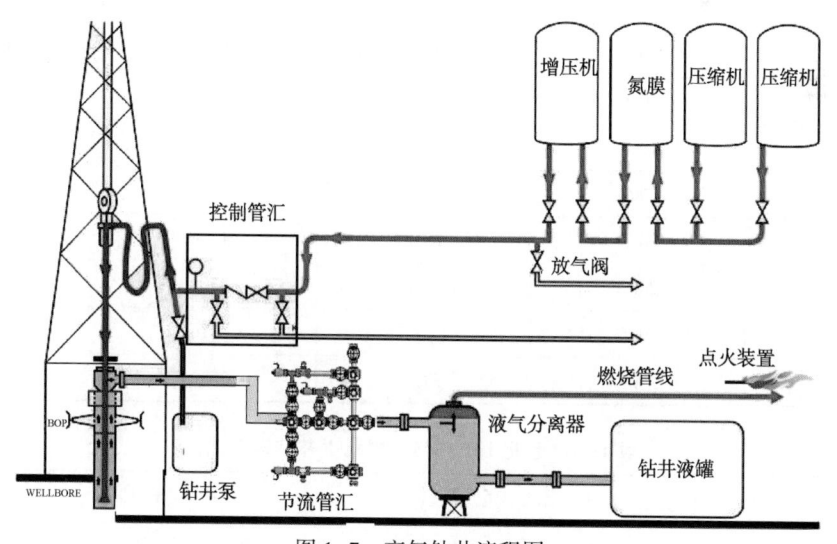

图 1-7　充气钻井流程图

## 第二节　气体钻井技术应用

### 一、气体钻井所能解决的钻井难题

综合国内外气体钻井应用在解决以下三方面问题时效果最为突出：（1）非产层硬地

7

层钻速慢；(2)溶洞裂缝性漏失地层井漏；(3)低压水敏性地层储层钻井液伤害。

### (一) 解决硬地层钻速慢的问题

对于非产层段，用气体钻井技术降低井底钻头处的压持作用，可提高坚硬岩层的钻井速度5~10倍，在相同寿命条件下，则可提高钻头进尺5~10倍，减少钻头用量到原来的1/10~1/5，减少起下钻次数到原来的1/10~1/5，大幅度缩短了钻井周期，降低钻井成本。

国内西南油气田、长庆油田、吐哈油田和大港油田应用气体钻井在解决硬地层钻速慢的问题上都取得了较好的效果。例如四川川东北部高陡构造，井深、井眼尺寸大、裸眼段长、地层可钻性差、易发生断钻具事故，井漏频繁、治漏难度大，探井钻井速度慢、周期长等问题一直是制约钻井工程的"瓶颈"。气体钻井技术的研究和现场试验作为西南油气田提高钻井速度的重点研究项目，在七北101井、东升1井、七北103井、龙岗1井、七里北2井等井开展了气体钻井试验，均取得了显著效果，见表1-2。七北101井和邻井对比结果见表1-3和表1-4，从表中可以看出气体钻井可以大幅度提高钻井速度，缩短钻进周期。

表1-2 西南油气田2005—2006年重点探井应用气体钻井综合效果

| 井 号 | 年 份 | 气体钻井深度，m | 气体钻井进尺，m | 机械钻速，m/h |
|---|---|---|---|---|
| 龙岗1 | 2006 | 4243 | 3303 | 19.10 |
| 七北102 | 2006 | 3328 | 2828 | 10.1 |
| 普光b-2 | 2006 | 3156 | 2656 | 12.4 |
| 普光D-1 | 2006 | 3002 | 2438 | 7.23 |
| 普光101 | 2006 | 3554 | 2911 | 4.8 |
| 老君1 | 2006 | 3253 | 2491 | 11.38 |
| 黄金1 | 2005 | 2518 | 1544 | 7.85 |
| 七北101 | 2005 | 3426 | 2709 | 12.96 |
| 东升1 | 2005 | 3276 | 2576 | 12.3 |
| 七里北2 | 2005 | 3333 | 2593 | 7.74 |

表1-3 七北101井与七里北1井钻速对比

| 层位 | 钻头 mm | 七北101井(气体) 井段 m | 七北101井(气体) 介质 | 七北101井(气体) 平均钻速 m/h | 七里北1井(钻井液) 井段 m | 七里北1井(钻井液) 平均钻速 m/h | 钻速提高倍数 |
|---|---|---|---|---|---|---|---|
| 沙溪庙 | 444.5 | 115~274 | 泡沫 | 8.3 | 147~296 | 3.03 | 1.74 |
| 沙溪庙 | 311.2 | 1750~2056 | 空气 | 16.64 | 1750~2062 | 2.93 | 4.68 |
| 须家河 | 215.9 | 2587~2944 | 氮气 | 12.05 | 4061~4282 | 0.78 | 14.45 |
| 雷口坡—嘉陵江 | 215.9 | 2944~3426 | 氮气 | 15.73 | 4282~4401 | 1.69 | 8.31 |

表 1-4　七北 101 井与七里北 1 井钻进周期对比

| 井段 m | 七北 101 井 循环介质 | 钻进周期，d 七北 101 井 | 钻进周期，d 七里北 1 井 | 缩短天数 d |
|---|---|---|---|---|
| 0~30.00 | 无固相钻井液 | 3 | 3 | 0 |
| 30.00~320.23 | 空气泡沫 | 5 | 16 | -11 |
| 320.23~472.00 | 无固相钻井液 | 7 | 2 | +5 |
| 472.00~2056.35 | 纯空气 | 10 | 83 | -73 |
| 2056.35~2587.60 | 聚合物钻井液 | 27 | 24 | +3 |
| 2587.60~3426.11 | 氮气 | 7 | 126 | -119 |
| 累计 |  | 59 | 254 | -195 |

### （二）解决溶洞或裂缝地层恶性井漏问题

溶洞或裂缝地层钻井液严重漏失，井口甚至不返钻井液，常规堵漏效果不好。

Tabnak 气田位于伊朗 Fars 省南部的波斯湾北岸山顶上。平均海拔高度为 1200m，距波斯湾 20km，距最近省城 Shiraz 市 500km。T 和 S 构造裂缝、溶洞发育，连通性好，非目的层段地层压力系数极低。该地区上部地层没有地层压力，漏失严重，无规律可循，有时连空气/泡沫都不能返出。根据实钻情况，500~2600m（3000m）有 4 个水层——1 个淡水层和 3 个盐水层，含盐量从海水逐渐到欠饱和盐水，盐水层最低压力梯度为 0.85MPa/100m。从 2600m（3000m）到井底是产气层，压力梯度为 0.75~0.91MPa/100m。当钻井液和地层孔隙之间存在正压差时，就完全漏失，或者先漏后喷（产层）并导致卡钻，风险较大。

Laffan 和 Kazhdumi 地层泥页岩遇水膨胀，缩径、垮塌严重，恶性卡钻频繁。Gadvan 以下硬脆性灰岩和泥页岩互层，漏失和掉块卡钻同时存在。1998 年伊朗国家钻井公司曾在该区钻过一口井，漏失和垮塌问题严重。在 Laffan 和 Kazhdumi 地层用空气/泡沫和水基钻井液钻进，曾造成两次严重卡钻，最终用油基钻井液侧钻解除。3345m 的井，完井周期竟长达 402 天。

2001 年底至 2006 年，长城钻井公司在伊朗南部规模运用空气/泡沫钻井技术钻井 29 口，并在部分产层段采用了微泡沫钻井技术。平均井深 3000m，平均钻进周期 78 天，完井周期 94 天，钻井速度大幅度提高，缩短了钻进周期，获得了较好的经济效益。

### （三）解决低压水敏性地层储层钻井液伤害严重问题

有些产层压力系数低于 1，使用液体钻井液，相对密度最低可达到 0.9g/cm³，再加上循环摩阻接近 1g/cm³，液体无法实现欠平衡，过平衡钻井会对产层造成伤害。有些黏土遇水膨胀堵塞油气通道，从而降低产能。而气体钻井井底压力很小，也无水，对产层几乎没有伤害，可以保持原始产能（参看第十章）。

国内吐哈油田、长庆油田和西南油气田进行了天然气、氮气钻井和柴油机尾气钻井，最大程度地保护了储层，获得了新的发现：气体钻井开发低压、低渗透、易损害储层效益十分显著，在西南油气田取得的效果见表 1-5。表 1-6 和图 1-8 为气体钻井与其他钻井方式效果对比，可以看出气体钻井效果远好于其他钻井方式。

速效果和可能节约的成本,如果所选井应用气体钻井节约成本多于投入,则获得经济效益的可能性就高(参看第三章)。

(4) 要有完善的配套技术措施。对于气体钻井正常钻进,或者可能遇到的井壁稳定问题、地层出水问题、井下燃爆问题、井斜问题、可能的事故要有完善的技术预案(参看第四章、第六章、第七章、第八章、第九章)。

(5) 设备仪器及管线必须配备完整好用(参看第五章)。技术方案所需的设备仪器及管线要确保完整、耐用,仪器必须准确灵敏可靠,管线必须符合要求并试压合格。所有的设备仪器管线必须及时维护和按要求更换。

(6) 制定的技术措施必须执行到位,出现的问题必须及时处理。

(7) 相关技术人员必须经过培训合格,能够正确熟练操作相关的设备和仪器才能上岗。

(8) 现场负责人组织管理必须认真负责并具有相关的资质和能力。现场负责人能够协调各单位关系,监督现场工作人员认真执行相关技术措施;并具有相关的资质和能力,能够根据出现的情况及时判断出原因,并做出合理的决策。

## 第三节 大庆油田气体钻井技术发展概况及应用成果

### 一、大庆油田气体钻井技术发展概况

自 XS21 井实施气体钻井工艺以来,共实施 31 口气体钻井,累计进尺 17656.60m,其中大庆油田实施 30 口井,吉林油田实施 1 口井(表 1-7、表 1-8)。

表 1-7 大庆油田气体钻井总体情况统计

| 类型 | 井数,口 | 进尺,m | 平均钻速,m/h |
|---|---|---|---|
| 深层直井 | 25 | 17216.63 | 6.87 |
| 中浅层直井 | 3 | 271.00 | 18.07 |
| 中浅层定向井 | 2 | 93.70 | 18.67 |
| 中浅层水平井 | 1 | 75.27 | 6.94 |

表 1-8 大庆油田气体钻井统计

| 序号 | 井号 | 井眼尺寸 mm | 层位 | 井段 m | 进尺 m | 机械钻速 m/h | 循环介质 | 备注 |
|---|---|---|---|---|---|---|---|---|
| 1 | XS21 井 | 215.9 | Q2 段—Q1 段 | 2550.00~2918.00 | 368.00 | 12.71 | 空气 | 大庆油田 |
| 2 | XS302 井 | 215.9 | Q1 段—D2 段 | 2840.00~3555.00 | 715.00 | 16.88 | 空气 | 大庆油田 |
| 3 | XS28 井 | 215.9 | D4 段—YC 组 | 3220.00~3921.01 | 701.01 | 10.25 | 空气/氮气 | 大庆油田 |
| 4 | XS29 井 | 215.9 | Q1 段—D3 段 | 2750.00~2925.96 | 175.96 | 9.16 | 空气 | 大庆油田 |
| 5 | XS27 井 | 215.9 | Q1 段—D2 段 | 2851.00~3536.73 | 685.73 | 7.44 | 空气 | 大庆油田 |
| 6 | XS24 井 | 215.9 | D4 段—D3 段 | 2920.00~3140.00 | 220.00 | 5.26 | 空气/雾化 | 大庆油田 |
| 7 | XS232 井 | 215.9 | Q1 段—D2 段 | 2800.00~3480.00 | 680.00 | 4.83 | 空气/雾化 | 大庆油田 |
| 8 | XS141 井 | 215.9 | Q1 段—D3 段 | 2880.00~3434.41 | 554.41 | 5.77 | 空气 | 大庆油田 |

续表

| 序号 | 井号 | 井眼尺寸 mm | 层位 | 井段 m | 进尺 m | 机械钻速 m/h | 循环介质 | 备注 |
|---|---|---|---|---|---|---|---|---|
| 9 | XS212井 | 215.9 | Q1段—D3段 | 2920.00~3412.75 | 492.75 | 8.64 | 空气/雾化 | 大庆油田 |
| 10 | XS213井 | 215.9 | Q1段—D2段 | 2920.00~3513.29 | 593.29 | 8.93 | 空气 | 大庆油田 |
| 11 | XS42井 | 215.9 | D3段—YC组 | 2910.00~3612.98 | 702.98 | 6.33 | 空气/氮气/雾化 | 大庆油田 |
| 12 | XS43井 | 215.9 | D3段—YC组 | 2870.00~3635.00 | 765.00 | 4.46 | 空气/雾化 | 大庆油田 |
| 13 | XS271井 | 215.9 | Q1段—YC组 | 2850.00~3950.00 | 1100 | 5.55 | 空气/氮气 | 大庆油田 |
| 14 | YS2井 | 215.9 | D2段—YC组 | 3490.00~3920.27 | 410.27 | 7.75 | 空气/氮气 | 大庆油田 |
| 15 | XS31井 | 215.9 | Q2段—D2段 | 2600.00~3281.87 | 681.87 | 5.05 | 空气/雾化 | 大庆油田 |
| 16 | GS2井 | 215.9 | D4段—YC组 | 3250.00~4771.89 | 1521.89 | 8.23 | 空气 | 大庆油田 |
| 17 | SS1井 | 215.9 | D3段—YC组 | 1994.00~2532.28 | 538.28 | 5.64 | 空气/氮气 | 大庆油田 |
| 18 | GL1井 | 311.2 | Q2段—D3段 | 3105.00~4301.05 | 1196.05 | 7.53 | 空气/雾化 | 大庆油田 |
| 19 | DS9井 | 215.9 | YC组—SHZ组 | 3111.00~3812.00 | 701.00 | 7.74 | 空气/雾化 | 大庆油田 |
| 20 | XS44井 | 215.9 | Q1段—D3段 | 2850.00~3367.95 | 517.95 | 6.31 | 空气/雾化 | 大庆油田 |
| 21 | XS33井 | 215.9 | Q1段—D2段 | 2860.00~3381.58 | 521.58 | 5.37 | 空气/雾化 | 大庆油田 |
| 22 | CS10井 | 215.9 | DLK组 | 3273.00~4196.61 | 923.61 | 5.3 | 空气/氮气 | 吉林油田 |
| 23 | XS41井 | 215.9 | D4段—YC组 | 3260.00~4160.00 | 900.00 | 6.63 | 空气/氮气 | 大庆油田 |
| 24 | XS441井 | 215.9 | QT组—YC组 | 2650.00~3550.00 | 900.00 | 9.38 | 空气 | 大庆油田 |
| 25 | XS904井 | 215.9 | QT组—DLK组 | 2900.00~3550.00 | 650.00 | 9.69 | 空气 | 大庆油田 |
| 26 | C60-4井 | 215.9 | Q4段—Q3段 | 1500.00~1630.00 | 130.00 | 14.48 | 泡沫 | 大庆油田 |
| 27 | F24-72井 | 215.9 | Y1段—QSK组 | 1500.00~1574.00 | 74.00 | 20.05 | 泡沫 | 大庆油田 |
| 28 | Y96-48井 | 215.9 | Y1段—QSK组 | 1506.00~1573.00 | 67.00 | 28.76 | 泡沫 | 大庆油田 |
| 29 | F172-P160井 | 215.9 | Q4段 | 1454.51~1529.78 | 75.27 | 6.94 | 泡沫 | 大庆油田 |
| 30 | F175-X148井 | 118 | Q2段—Q3段 | 1504.09~1550.79 | 46.70 | 23.95 | 氮气 | 大庆油田 |
| 31 | F180-X146井 | 118 | Q2段—Q3段 | 1521.71~1568.71 | 47.00 | 15.31 | 氮气 | 大庆油田 |

大庆油田气体钻井技术发展可分为两个阶段，第一阶段2005—2008年为研究探索阶段，2008年以后为推广应用阶段。

**(一) 研究探索阶段 (2005—2008年)**

该阶段进行了19口气体钻井的试验，开展了多项气体钻井配套技术研究工作，编制了六套软件，研制了八种配方或仪器，形成了十项配套技术。

（1）编制了六套软件。

① 气体钻井参数设计计算软件；

② 气体钻井监测报警软件；

③ 气体钻井钻具力学性能计算软件；

④ 气体钻井出水预测软件；

⑤ 气体钻井经济性评价软件；

⑥气体钻井井壁稳定预测软件。

（2）研制了八种配方或仪器。

①一次性雾化泡沫液配方；

②可循环雾化泡沫液配方；

③气体钻井井壁保护剂配方；

④气体钻井地层出水、出气及井下燃爆监测仪器；

⑤可通过稳定器的导引头；

⑥空气锤；

⑦井下压力温度监测仪；

⑧可用于气体钻井的电磁波随钻测量系统（EMWD）。

（3）形成了十项配套技术。

①气体钻井选井、选层和参数设计技术；

②空气、氮气、雾化、泡沫和充气钻井工艺技术；

③气体钻井控斜打快技术；

④气体钻井地层出水、出气及井下燃爆监测技术；

⑤气体钻井设备配套技术；

⑥气体钻井井壁保护技术；

⑦气体钻井经济性评价技术；

⑧气体钻井地层出水及井壁稳定预测技术；

⑨中浅层油层氮气钻井技术；

⑩气体钻井事故预防和处理技术。

## （二）推广应用阶段（2008—2012年）

应用第一阶段的研究成果，2008—2012年推广应用12口气体钻井，节约钻头数量和缩短钻井周期效果较前阶段大幅提高，见表1-9。从表1-9可以看出，2005年和2006年气体钻井虽然钻井速度提高6~10倍，钻井周期却增加了，但随着配套技术的研究逐渐成熟，气体钻井缩短周期效果越来越好。

表1-9 大庆油田分年度气体钻井效果统计

| 年份 | | 平均进尺 m | 平均钻速 m/h | 提高倍数 | 单井钻井周期, d | 缩短时间 d | 平均单井钻头, 只 | 单井节约钻头, 只 |
|---|---|---|---|---|---|---|---|---|
| 2005 | 邻井常规钻井 | 368 | 1.74 | 6.30 | 15 | -0.51 | 4 | 2 |
| | 气体钻井 | | 12.71 | | 15.51 | | 2 | |
| 2006 | 邻井常规钻井 | 715 | 1.39 | 11.14 | 34 | -19.16 | 8 | 6 |
| | 气体钻井 | | 16.88 | | 53.16 | | 2 | |
| 2007 | 邻井常规钻井 | 606.47 | 1.29 | 3.85 | 29.36 | 6.42 | 6.27 | 4.09 |
| | 气体钻井 | | 6.26 | | 22.94 | | 2.18 | |
| 2008 | 邻井常规钻井 | 770 | 1.50 | 3.59 | 52.6 | 0.46 | 13 | 8.6 |
| | 气体钻井 | | 6.89 | | 52.14 | | 4.40 | |

续表

| 年 份 | | 平均进尺 m | 平均钻速 m/h | 提高倍数 | 单井钻井周期,d | 缩短时间 d | 平均单井钻头,只 | 单井节约钻头,只 |
|---|---|---|---|---|---|---|---|---|
| 2009 | 邻井常规钻井 | 715.78 | 1.21 | 4.19 | 40.33 | 9.79 | 9.00 | 6.5 |
| | 气体钻井 | | 6.28 | | 30.54 | | 2.50 | |
| 2011 | 邻井常规钻井 | 725.7 | 1.4 | 4.84 | 33.14 | 21.05 | 6.67 | 5 |
| | 气体钻井 | | 8.17 | | 12.09 | | 1.67 | |
| 2012 | 邻井常规钻井 | 1154 | 1.28 | 4.07 | 54.5 | 35.50 | 14 | 12 |
| | 气体钻井 | | 6.49 | | 19 | | 2 | |

## 二、大庆油田气体钻井技术应用成果

（1）大幅提高钻井速度，为加快松辽盆地勘探开发进程提供了技术支持。

气体钻井技术使深层钻井速度从使用多种新技术只能提高20%左右提高到5倍以上，在钻速提高上实现了质的飞跃。现场应用的25口深层气体钻井平均机械钻速6.87m/h，与邻井常规钻井同井段相比提高了5.78倍，如图1-9所示。

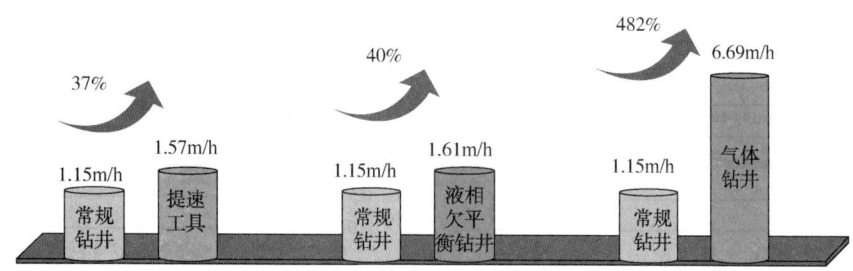

图1-9 气体钻井提速效果

（2）降低了钻井成本，为油田降本增效工程提供了保障。

大庆油田应用气体钻井缩短了钻井周期，减少了钻头使用数量，提高了钻机使用效率，降低了钻井综合成本。深层25口井气体钻井平均进尺688m，平均钻井周期仅17天，平均单井使用钻头2.5只，与常规钻井相比缩短40天以上，减少钻头使用数量5只以上，如图1-10所示。

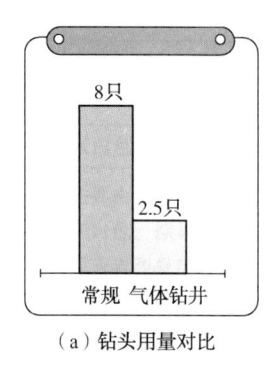

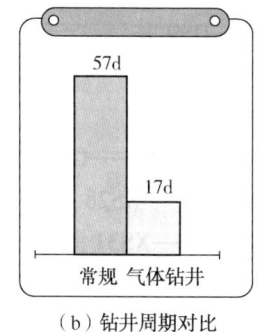

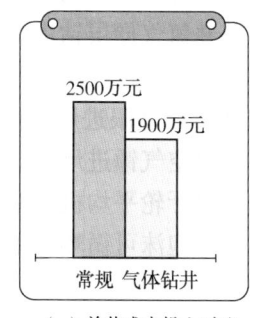

（a）钻头用量对比　（b）钻井周期对比　（c）单井成本投入对比

图1-10 气体钻井降成本效果

具有不同压力的多个产层的油气藏或在给定目的层中存在明显的压力变化的油气藏，易造成井下的油气窜。

**(三) 应用气体钻井易于获得经济效益条件的地层类型**

该地层确定含有一定可采储量油气层，在技术上适合气体钻井，应用气体钻井可获得比常规钻井更好的投入产出比，经济性计算见气体钻井产能经济性评价模型，其中以下地层应用气体钻井易于获得好的经济效益：

(1) 压力系数比较清楚，有一定的可选密度窗口，而油气层位置不清楚的地层，气体钻井可以有效地发现和保护油气层，提高勘探的精度。

(2) 水敏性储层。若进入储层的外来液体的矿化度与储层中的黏土矿物不匹配时，将会引起黏土矿物水化膨胀和分散，导致储层渗透率降低和产能下降。影响储层水敏的因素主要有黏土矿物类型、含量、存在状态，储层物性，外来液体的矿化度大小，矿化度降低速度及粒子成分。

(3) 润湿性反转型储层。储层岩石可以是亲水性(水润湿)、亲油性(油润湿)或中等润湿性，其取决于极性组分的含量和天然岩石的表面性质。因化学处理剂的作用，使岩石的润湿性发生改变称为润湿性反转。润湿性改变后，储层的孔隙结构、孔隙度、绝对渗透率均不改变，但是当水润湿地层转变为油润湿地层后，却能大幅度地改变油、水的相对渗透率，一般可使油相渗透率降低15%~85%，平均能达40%。在渗透率较低的岩石中，渗透率降低的百分数更大。

(4) 钻井液与地层流体可能发生反应产生沉淀的地层。一种是钻井液中矿物与地层流体发生化学反应产生的无机沉淀，从而堵塞油气通道，常见的有碳酸钙、碳酸锶、硫酸钡、硫酸钙、硫酸锶等，其受温度、压力、接触时间、矿化度等影响；另一种是外来液体与地层原油不配伍产生有机沉淀，主要指石蜡、沥青质及胶质在井眼附近地带的沉积。有机沉淀不仅可以堵塞储层的渗流通道，而且还可能使储层的润湿性发生反转，从而导致储层渗流能力的下降。

(5) 裂缝型渗透通道的产层。该地层易于在过平衡钻井中受到伤害，且伤害的范围广，对产能影响大。裂缝表面积大，亲水势能强，造成高水势能强，形成高束缚水饱和度，从原始常欠饱和状态，吸水至饱和状态，从而使流道减小甚至水锁。在裂缝储层过平衡钻井中，钻井液的渗透距离也比孔隙性储层大得多，从而减少了油气的产量。

(6) 孔隙压力和破裂压力系数接近的地层。孔隙压力和破裂压力系数接近的地层中，应用过平衡钻井的钻井液密度窗口小，如果钻井液排量稍大可能造成漏失，而密度稍小可能造成溢流，使得过平衡钻井难于控制。对于这种情况，如果坍塌压力系数较低时，应用于气体钻井的钻井液密度窗口较大，因此应用气体钻井更容易施工。

# 第二节　气体钻井出水预测技术

## 一、常规钻井地层流体识别方法现状及不足

**(一) 常规钻井地层流体识别方法现状**

常规钻井水层主要是在钻井液条件下应用深侧向电阻率与气测比值做交会图识别气水层，由新的试气层位进行验证效果较好，符合率达到95%，见表2-3。

表 2-3  大庆深层常规钻井 YC 组火山岩储层气测比值、密度及深侧向电阻率判识表

| 地区 | 气 层 | 气水同层 | 水 层 | 干 层 |
|---|---|---|---|---|
| XC | RLLD≥110Ω·m<br>DEN≤2.53g/cm³<br>气测比值≥2.6 | 65Ω·m≤RLLD≤110Ω·m<br>DEN≤2.53g/cm³<br>气测比值≥2.6 | RLLD<65Ω·m<br>气测比值<2.6 | DEN>2.53g/cm³<br>气测比值<2.6 |
| SP | RLLD≥70Ω·m<br>DEN≤2.53g/cm³<br>气测比值≥4.0 | 32Ω·m≤RLLD≤70Ω·m<br>DEN≤2.53g/cm³<br>气测比值≥4.0 | RLLD<32Ω·m<br>气测比值<4.0 | DEN>2.53g/cm³<br>气测比值<4.0 |

综上所述，储层流体性质识别主要结合地质、构造、成藏、储盖组合等多种资料，充分利用录井资料，以测井资料的流体性质定量评价为基础，进行储层流体性质综合评价。并且随着将多元统计方法引入测井综合解释中，提高了储层流体识别精度。

**（二）常规钻井地层流体识别方法不足**

测井、录井建立的常规钻井条件下水层判识方法不完全适用于气体钻井条件，其原因如下：

（1）由于钻井介质不同，气体钻开井眼井内完全处于负压状态，压力变化导致出水性质的变化。

（2）由于岩石内液体流动条件取决于渗透率和孔隙通道的结构，采用气体钻井，由于"负压"钻井，对地层几乎无伤害，渗透率几乎保持原始状态，如果地层中有裂缝，这时裂缝处于开启状态。而常规钻井以后，由于地层与钻井液滤液接触，对井壁围岩产生了不同程度的水敏、速敏伤害及水锁效应，钻井液中固体颗粒在正压差的作用下进入地层，快速地在近井壁地层中改变渗透率及孔喉通道，形成有效的、渗透率较低的屏蔽环，从而抑制了地层水的溢出。

（3）侧重对象不同。常规的测井、录井主要目的是预测气层以及油层，针对大庆深层而言，重点是 YC 组气层的识别，而气体钻井关心的是整个气体钻进井段的含水、含气情况，重点是水层的识别。

（4）常规测井解释方法主要是通过测井曲线组合来计算孔隙度、渗透率、饱和度，用交会图来综合识别油、气、水层，这不仅需要建立解释模型、测井解释响应方程，还要合理地选取中间参数，因此，不可避免地会带来一定人为的误差因素，并且还受地层因素影响。

由于以上原因，致使常规钻井中录井、测井综合解释的干层在应用气体介质钻开井眼时有出水现象发生，因此，录井、测井建立的常规钻井条件下水层判识方法，不完全适合气体钻井条件下地层出水判识，会漏判很多出水层位，因而需要建立气体条件下的水层判识方法，为气体钻井设计选层和介质转化提供依据。

## 二、地层出水地质原因分析

**（一）地层岩石束缚水饱和度和含水饱和度的关系**

沉积岩在经历沉积、成岩的过程中，岩石的孔隙是完全含水的（即 $S_w = 100\%$），但是由

于水所处的空间位置不同，导致其中一部分水是可动的，称为可动水或自由水（$S_{wm}$），而另一部分水是不可动的，称为束缚水（$S_{wi}$）。饱和度始终满足下面的表达式：

$$S_g + S_w = S_g + S_{wm} + S_{wi} = 100\% \tag{2-1}$$

式中　$S_g$——含气饱和度。

水层：

$$S_g = 0$$
$$S_w = S_{wm} + S_{wi} = 100\% \tag{2-2}$$

气层：

$$S_{wm} = 0$$
$$S_{wi} > 0$$
$$S_g + S_{wi} = 100\% \tag{2-3}$$

气水同层：

$$S_g > 0$$
$$S_{wm} > 0$$
$$S_g + S_w = 100\% \tag{2-4}$$

对于干层，$S_g + S_{wm}$较低，而$S_{wi}$较高，由于受物性控制，即便是有一定的可动水和气，往往产量很低，但可动水或气是存在的。

上述分析表明束缚水饱和度作为地层的属性之一，在储层演变过程中很少受外部因素影响，它在储层中普遍存在，即使是纯气层也有一定的束缚水饱和度。

而在实际工作中，很多油田通常以$S_w = 50\%$作为储层含水的分界线，即当$S_w > 50\%$时，储层含水。一般情况下，这个标准是正确的，但对于高束缚水饱和度的气层，其含水饱和度即使高达60%～70%，储层并不含可动水，所以会出现低阻气层（或油层）的情况；反之，对于低束缚水饱和度的气层，可能由于其还含有一定量的可动水，即使其总含水饱和度低于50%，也会出水，所以会出现高阻的含水气层的情况。

通过前面的分析，要想判别储层是否含有可动水，应该从反映储层自然属性的参数——束缚水饱和度与孔隙度之间的关系入手，寻找它们之间本质的联系。

### （二）含水饱和度及束缚水饱和度计算模型的选取

前面的分析表明含水饱和度及束缚水饱和度是评价储层产液性质的关键参数，因此，要评价地层的产水性，首先应计算$S_w$和$S_{wi}$。由于含水饱和度解释理论与分析方法是由纯砂岩的模式演化过来的，因此选用阿尔奇公式及其发展公式计算含水饱和度值。经计算，已完钻气体钻井实际出水层位束缚水饱和度为26%～75%，则其可动水饱和度在74%～25%，所以尽管所含可动水百分比不大，但由于含有可动水就具有了出水的可能性。

## 三、气体钻井条件下水层预测方法的建立

通过前面的分析可知，判识出水层段存在交叉性，虽然含水饱和度是判断水层的一个重

要参数,但不能简单以含水饱和度的高低来判断地层流体性质,而应该寻求一种综合判断方法,预测地层出水的可能性。

因此,首先对钻井液条件下水层判别方法进行了充分的分析(大庆深层钻井液钻井条件下通常将电性低、物性好、数字处理有效孔隙度在8.0%以上、有效含水饱和度为100%的层解释为水层,把物性差,孔隙度、渗透率低,有效含水饱和度为100%的层解释为干层),筛选出能反映水层变化的敏感性参数,然后对大庆深层已钻气体钻井的实际出水层位测井解释数据进行统计分析。大庆深层气体钻井条件下水层的孔隙度等测井参数特征存在如下的统计规律:

(1) 出水层的含水饱和度为100%;
(2) 出水层的电阻率低于200Ω·m,一般低于150Ω·m;
(3) 出水层的泥质含量一般低于20%;
(4) 出水层的有效孔隙度一般大于3%,而且中子孔隙度大于5%;
(5) 岩石密度为2.35~2.60g/cm³。

结合束缚水饱和度的计算结果,建立了表2-4所示的气体钻井条件下出水层定性判识方法。

表2-4 大庆深层气体钻井出水层位判识标准

| 主要相关参数 | | | | | 参考参数 | |
|---|---|---|---|---|---|---|
| 含水饱和度 % | 有效孔隙度 % | 泥质含量 $V_{sh}$ % | 电阻率 $R_T$ Ω·m | 中子孔隙度 % | 渗透率 $K$ mD | 束缚水饱和度 % |
| 100 | ≥3 | ≤20 | ≤200 | ≥5 | ≥0.01 | ≤75 |

应用该标准对应用气体钻井井段进行预测和实钻监测相比,气体钻井过程中出水层均能准确判断,该判识标准对气体钻井选层设计具有较大的指导意义。

### 四、地层出水量预测方法

假设井径为$r_c$,它位于均质水平圆形地层中心,水层厚度为$h$,作为供给边缘的半径为$R_K$的地层的外部圆形边界上地层压力$p_K$保持不变,井底压力$p_c$也不变,液体运动是稳定的,根据达西定律推导出水渗流速度$v$为

$$v = \frac{k}{\mu} \frac{p_K - p_c}{\ln \frac{R_K}{r_c}} \frac{1}{r} \tag{2-5}$$

出水量$Q$为

$$Q = \frac{541.86Kh(p_K - p_c)}{\mu \ln \frac{R_K}{r_c}} \tag{2-6}$$

式中 $Q$——出水量,m³/d;
$K$——渗透率,mD;
$h$——水层厚度,m;

$p_K$——供给边缘压力，MPa；
$p_c$——井底流动压力，MPa；
$R_K$——供给边缘半径，m；
$r_c$——井眼半径，m；
$\mu$——液体黏度，mPa·s。

地层水黏度 $\mu$ 的确定：

$$\mu = A(1.8T+32)^B \tag{2-7}$$

其中

$$A = 109.574 - 8.40564S + 0.313314S^2 + 8.72213 \times 10^{-3}S^3 \tag{2-8}$$

$$B = -1.12166 + 2.63951 \times 10^{-2} \times S - 6.79461 \times 10^{-4} \times S^2 - 5.47119 \times 10^{-5} \times S^3 + 1.55586 \times 10^{-6} \times S^4 \tag{2-9}$$

式中　$T$——温度，℃；
　　　$S$——盐度，%(质量分数)。

## 第三节　气体钻井井壁稳定预测和井壁保护技术

### 一、空井眼的力学失稳影响因素分析

气体作用于井壁上的侧压力很小，当气体钻成井眼后，井眼周围的岩石需要承担地应力。由于岩石本身存在节理、层理、微裂缝、构造运动产生的破碎带、断层，使得岩石的各向异性程度较高，在气体钻井过程中，如果地层应力超过岩石结构极限强度，在空井眼的井壁周围的岩石就会发生脆性破裂、垮塌，井眼常常表现出井径扩大较多或井壁坍塌。

#### (一) 深层岩石地应力大小测定

目前测量地应力的方法较多，采用岩石的声发射特征来测定地应力有很大的优越性：简单、方便和重复性好。在实际地应力测定时，一般不考虑温度的影响。采用岩石的声发射特征来测定地应力。岩石受载，微裂隙的破坏和扩展，其部分能量以声波的形式释放出来，用声波接收仪器可以接收到声波的形态和能量，岩石的这种性质称为岩石的声发射活动。岩石的声发射活动能够"记忆"岩石所受过的最大应力，这种效应为凯塞尔效应。围压下声发射凯塞尔效应测试结果见表2-5。

表2-5　围压下声发射凯塞尔效应测试结果

| 层　位 | 岩　性 | 地应力梯度，MPa/100m ||
|---|---|---|---|
| | | 水平最大 | 水平最小 |
| DLK 组 | 粉砂质泥岩 | 2.30 | 1.78 |
| QT 组 | 泥岩 | 2.35 | 1.70 |
| ZLX | 细砂岩 | 2.28 | 1.76 |

## （二）地层岩石强度的三轴试验

为了研究深井井壁稳定性，对岩心进行了模拟井下压力条件下的三轴强度试验，其试验条件及试验结果见表 2-6。根据不同围压下的强度试验结果，回归出了岩样的强度参数。

表 2-6  XS 气田深层岩石强度试验结果

| 岩　性 | | 试验围压 MPa | 破坏强度 MPa | 参　　数 | |
|---|---|---|---|---|---|
| DLK 组：砂泥岩 | | 5 | 94 | 黏聚力 31.23MPa | 内摩擦角 25.03° |
| | | 15 | 128.7 | | |
| | | 30 | 155.2 | | |
| | | 45 | 153.7 | | |
| ZLX：砂岩 | | 10 | 94.0 | 黏聚力 26.07MPa | 内摩擦角 24.02° |
| | | 25 | 114.6 | | |
| 砂泥岩 | 水平面内 0°方向 | 10 | 101.5 | 水平面内横观各向异性不强 | |
| | 水平面内 45°方向 | 10 | 105.3 | | |
| | 水平面内 90°方向 | 10 | 110.9 | | |
| ZLX：砂岩 | 水平面内 0°方向 | 10 | 118.1 | 水平面内横观各向异性不强 | |
| | 水平面内 45°方向 | 10 | 103.8 | | |
| | 水平面内 90°方向 | 10 | 136.6 | | |

水平面内不同方向岩心的试验结果表明，地层的横观各向异性不强，所取岩样的强度较大，为不易坍塌层，在不遇到地层出水和水基钻井液转换而导致岩石强度降低的条件下，大庆深部井壁稳定。

## （三）气体钻井井壁稳定的计算

井壁岩石的破坏，对于软而塑性大的泥岩表现为塑性变形而缩径，对于硬脆性的泥页岩一般表现为剪切破坏而坍塌扩径。在常规钻井液平衡压力钻井过程中，对钻井液密度的要求一般是井内液柱压力大于地层压力而小于地层破裂压力。井壁稳定与否是力学与化学耦合作用的结果。

对于气体钻井而言，井内液柱压力近似为零。井壁岩石的稳定主要靠岩石本身的强度来维持。一旦井壁岩石所受的应力超过了其自身的强度，则产生剪切破坏而发生失稳。在地层不出水的情况下，空气钻井井壁稳定基本上是一个纯力学问题。

最常用的井壁剪切破坏判别标准是摩尔库仑强度准则。根据相关的力学推导，得出保持井壁稳定所需的钻井液密度 $\rho_\mathrm{m}$ 计算公式为

$$\rho_\mathrm{m} = \frac{\eta(3\sigma_\mathrm{H} - \sigma_\mathrm{h}) - 2CK + \alpha p_\mathrm{p}(K^2 - 1)}{(K^2 + \eta)H} \tag{2-10}$$

(3) 泥页岩表面水化。

当泥页岩遇水后，由于水化应力的作用水分子会与泥页岩表面上的活性吸附形成新的氢键而破坏原有的氢键联结，并且与黏土矿物层间或颗粒表面上吸附的阳离子水化膜中的水分子形成氢键，造成泥页岩微裂缝的扩散和黏土矿物的层间膨胀，从而引起井眼失稳。

(4) 泥页岩微裂缝扩展。

泥页岩在形成的过程中不可避免地受到构造应力和上覆压力的作用，许多硬脆性泥页岩内部存在较多微裂缝。在钻井过程中，泥页岩的微裂缝扩展效应主要体现在以下两方面。

首先，裂缝和孔隙的存在不仅在力学上降低了地层的强度，而且在地层被钻开形成井眼后，地层水和钻井液滤液容易从井壁的裂缝进入地层，物理的扰动和泥页岩的化学水化作用，会引起泥页岩的严重坍塌。许多硬脆性泥页岩本身含有微裂缝，但是由于微裂缝很细小，从表面上来看从井下取出的泥页岩岩心似乎很完整，但一旦这种岩心与水接触后，由于毛细管效应，水便会从泥页岩的微裂缝快速进入，所产生的膨胀压力破坏泥页岩颗粒间的联结力，使得泥页岩沿着层理面分开，引起井壁坍塌。

其次，硬脆性泥页岩中存在很多的微裂缝，微裂缝大都对钻井液的滤液比较敏感，钻井液的滤液由微裂缝进入地层后，使得泥页岩层理面变得脆弱，从而引起井壁剥落。

### 三、气体钻井井壁保护

#### (一) 气体钻井井壁保护剂保护井壁的原理

目前国内外气体钻井所用的井壁稳定剂基本上源于水基钻井液钻井中所常用的泥页岩稳定剂，然而空气雾化钻井水是以微小雾滴的形态存在的，是不连续的分散相，它随着空气流以间断的方式和一定概率分布，与泥页岩的表面碰撞接触和水基钻井液的抑制剂稳定井壁的作用机理有着很大的不同，因此研制了气体钻井专用井壁稳定剂。该保护剂是通过在井壁表面形成憎水的薄膜而减少了地层出水或气液转换过程中井眼中水对泥页岩产生的强度降低问题，从而对井壁起到保护作用。

保护剂在随钻过程中或者气体钻井施工后期对井壁起到成膜保护的作用，在钻井过程中气流中含成膜剂溶液与页岩表面随机碰撞接触并铺展成液膜，在液膜形成过程中，成膜剂分子将与页岩的黏土颗粒紧密桥接，与黏土颗粒中的高价离子发生络合作用而被牢牢吸附在页岩表面上；另一方面，在气流与井温的影响下随着溶剂迅速挥发液膜中成膜剂的浓度迅速提高，与黏土颗粒的桥接或络合作用变强，结果在页岩表面形成保护膜，隔离水与页岩。

#### (二) 气体钻井井壁保护剂性能

如图 2-3 所示证明了室内研制的三种成膜剂可以延缓泥页岩水化膨胀的时间，在较大程度上成膜剂可以降低泥页岩水化膨胀量，具有较好的成膜保护作用。

对于井壁起到成膜保护的井壁膜稳定剂，由于其稳定作用是成膜剂分子通过与页岩的黏土颗粒发生化学作用而紧密桥接，同时由于气体钻井条件下泥页岩存在微观裂缝，井壁膜稳定剂与黏土颗粒发生络合作用以及屏蔽泥页岩的微观裂缝需要一定的压差和时间，才能起到较好的成膜保护作用。

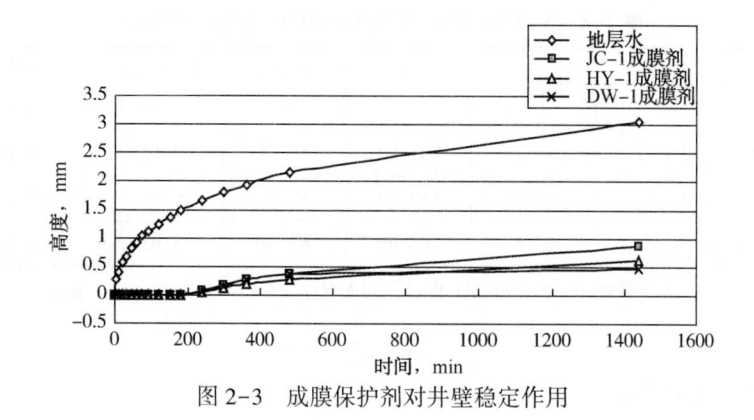

图 2-3 成膜保护剂对井壁稳定作用

## 四、气体钻井井壁保护工艺技术

### （一）钻进过程中保护

如果已经出水并发生井壁的坍塌等不稳定，这时注入保护剂就起不到保护井壁的作用，只有在出水前保护井壁，才能在地层出水后起到保护井壁的作用，可以在气体钻井过程中，间断少量注入保护剂保护井壁。

### （二）转换前保护

当气体钻井转换成常规钻井过程中易于发生井壁不稳定，可在转换前先注入保护剂保护井壁，再转换成常规钻井。

### （三）雾化泡沫钻进中保护

雾化泡沫液中存在水，加上地层出水，存在发生井壁失稳的化学条件，可在雾化泡沫液中添加保护剂，在雾化泡沫钻井中保护井壁。

## 第四节 钻具组合及钻井参数设计

### 一、气体钻井钻头优选

优选和改进了 A617HDC 气体钻井专用钻头，在喷嘴、保径、切削齿三个方面进行了改进。

（1）喷嘴优化设计：增加了中心喷嘴，避免泥包，消除井底滞留区，加速岩屑上返。
（2）保径措施：在掌背镶金刚石复合齿，增加外排齿数量，掌尖采用加宽加厚硬质耐磨层，牙掌采用全掌背保护，增强保径。
（3）切削齿优化：优化切削齿布齿密度和高度，减少重复破碎，提高钻速。

A617HDC 钻头平均单只钻头进尺 553.53m，比其他类型牙轮钻头进尺提高 108%，使用时间提高 63%，特别是徐深 904 井应用 A617HDC 钻头创造了单只牙轮钻头进尺 650m 的大庆油田深层钻井最高纪录。3 口气体钻井应用 A617HDC 牙轮钻头情况见表 2-8。

表 2-8  3 口气体钻井应用 A617HDC 牙轮钻头情况

| 井号 | 层 位 | 介质 | 进尺 m | 总钻时 h | 平均钻速 m/h | 起钻原因 | 磨损情况 |
|---|---|---|---|---|---|---|---|
| XS441 | Q2段—D3段 | 空气 | 541.60 | 59.47 | 9.11 | 钻速慢 | $Y_4Z_1J_{0.2}$ |
| XS904 | Q1段—D3段 | 空气 | 650.00 | 67.10 | 9.69 | 钻至设计井深 | $Y_4Z_1J_{0.2}$ |
| XS35 | D4段—D2段 | 雾化 | 468.98 | 83.44 | 5.62 | 钻速慢 | $Y_2Z_2J_1$ |

注：表中 Y 是指牙齿，Z 是轴承，J 是指钻头直径，如 $Y_4Z_1J_{0.2}$ 是指牙齿磨损 4/8，轴承磨损 1/8，钻头直径磨损 0.2mm。

## 二、钻具组合优选

对气体钻井钻具组合进行统计，大庆油田气体钻井共使用过 5 种钻具组合，统计结果见表 2-9。

表 2-9  年气体钻井钻具组合统计

| 序号 | 井号 | 最大井斜 (°) | 结束时井斜 (°) | 井段 m | 钻具组合 | 钻压 kN | 机械钻速 m/h |
|---|---|---|---|---|---|---|---|
| 1 | XS21 | 1.13 | 0.5 | 2550.00~2855.00 | 满眼钻具 | 40~120 | 13.27 |
|   |      | 1.25 |     | 2855.00~2918.00 | 光钻铤钻具 | 40~120 | 10.55 |
| 2 | XS24 | 1.79 | 1.47 | 2920.00~3140.00 | 满眼钻具 | 20~80 | 5.26 |
| 3 | XS27 | 1.31 | 3.77 | 2851.00~2882.00 | 空气锤+双钟摆 | 15~20 | 9.66 |
|   |      | 5.02 |     | 2882.00~3536.73 | 满眼钻具 | 20~100 | 7.34 |
| 4 | XS28 | 2.76 | 3.37 | 3220.00~3921.01 | 满眼钻具 | 40~100 | 10.25 |
| 5 | XS29 | 1.17 | 0.9 | 2750.00~2925.96 | 满眼钻具 | 40~100 | 9.1 |
| 6 | XS31 | 1.09 | 6 | 2600.00~2702.59 | 空气锤+光钻铤 | 20~30 | 5.17 |
|   |      | 7.2 |     | 2702.59~3281.87 | 满眼钻具 | 30~100 | 5.03 |
| 7 | XS42 | 7.43 | 5.3 | 2910.00~3612.98 | 满眼钻具 | 20~80 | 6.33 |
| 8 | XS43 | 1.79 | 3 | 2870.00~2949.00 | 螺杆+PDC+光钻铤 | 20~30 | 5.52 |
|   |      | 4.25 |     | 2949.00~3635.00 | 满眼钻具 | 20~30 | 4.35 |
| 9 | XS141 | 0.43 | 2.08 | 2880.00~3079.84 | 螺杆+PDC+单钟摆 | 20~60 | 8.15 |
|   |      | 1.61 |     | 3079.84~3434.41 | 满眼钻具 | 40~120 | 5 |
| 10 | XS212 | 2.73 | 2.25 | 2920.00~3412.75 | 满眼钻具 | 60~80 | 8.64 |
| 11 | XS213 | 4.46 | 4 | 2920.00~3513.29 | 满眼钻具 | 40~60 | 8.93 |
| 12 | XS232 | 4.4 | 4.55 | 2800.00~3480.00 | 满眼钻具 | 40~70 | 4.83 |
| 13 | XS271 | 7.96 | 5.9 | 2850.00~3950.00 | 满眼钻具 | 20~80 | 5.55 |
| 14 | XS302 | 43.7 | 43 | 2840.00~3555.00 | 光钻铤钻具 | 20~187 | 16.88 |
| 15 | SS1 | 2.21 | 2.21 | 1994.70~2303.00 | 满眼钻具 | 30~80 | 4.21 |
|   |     | 1.6 |     | 2303.00~2532.28 | 空气锤+光钻铤 | 10~30 | 10.76 |
| 16 | GL1 | 0.79 | 3.7 | 3105.00~3273.16 | 空气锤+塔式钻具 | 10~20 | 15.95 |
|   |     | 3.68 |     | 3273.16~3800.00 | 塔式钻具 | 20~60 | 6.92 |

续表

| 序号 | 井号 | 最大井斜(°) | 结束时井斜(°) | 井段 m | 钻具组合 | 钻压 kN | 机械钻速 m/h |
|---|---|---|---|---|---|---|---|
| 17 | YS2 | 3.49 | 1.2 | 3490.00~3920.27 | 满眼钻具 | 20~80 | 6.33 |
| 18 | DS9 | 2.02 | 5.4 | 3111.00~3147.24 | 满眼钻具 | 30~50 | 16.25 |
|  |  | 8.7 |  | 3147.24~3750.00 | 光钻铤钻具 | 5~40 | 7.52 |
| 19 | GS2 | 6 | 23 | 3250.00~3995.71 | 空气锤+光钻铤 | 0~30 | 11.86 |
|  |  | 10 |  | 4158.05~4191.94 | 空气锤+单钟摆 | 0~30 | 4.79 |
|  |  | 23.73 |  | 3995.71~4158.05 | 满眼钻具 | 20~100 | 6.54 |
|  |  |  |  | 4191.94~4771.89 |  |  |  |
| 20 | XS44 | 4.68 | 3.29 | 2850.00~3367.95 | 塔式钻具 | 20~40 | 6.31 |
| 21 | XS33 | 2.02 | 2.02 | 2860.00~3381.58 | 塔式钻具 | 10~50 | 5.37 |
| 22 | CS10 | 11.64 | 9.94 | 3273.00~4196.61 | 塔式钻具 | 10~50 | 5.3 |
| 23 | XS41 | 3.4 | 10.67 | 3260.00~3651.45 | 塔式钻具 | 20~40 | 6.98 |
|  |  | 11.29 |  | 3651.45~4160.00 | 塔式钻具 | 20~40 | 6.37 |

对以上5种钻具组合使用情况进行分析，与牙轮钻头配合使用钻具组合3种，统计结果见表2-10。经分析：光钻铤钻具组合及塔式钻具组合平均井斜均超标，光钻铤钻具组合井斜超标率66.67%，塔式钻具组合井斜超标率40%，正常情况下不适合气体钻井使用。满眼钻具组合去除GS2井（满眼钻具纠斜效果差）平均井斜最小，但考虑稳定器满眼钻具容易发生卡钻事故，需要对满眼钻具组合进行进一步的优化。

表2-10 三种钻具组合钻压及井斜情况

| 钻具组合 | 平均井斜(°) | 钻压 kN | 平均机械钻速 m/h | 最大井斜(°) | 最快机械钻速 m/h | 备 注 |
|---|---|---|---|---|---|---|
| 光钻铤钻具 | 17.88 | 5~187 | 10.75 | 43.7 | 16.88 | 应用3口井，2口井井斜超标，井斜超标率66.67% |
| 塔式钻具 | 6.67 | 20~60 | 5.6 | 11.64 | 6.92 | 应用5口井，2口井井斜超标，井斜超标率40% |
| 满眼钻具 | 3.76 | 20~120 | 6.62 | 7.96 | 16.25 | 应用16口井，3口井超标，井斜超标率18.75% |

对满眼钻具组合进行了优化，使用$\phi$210mm方接头代替$\phi$214mm稳定器，优点在于方接头比稳定器尺寸小，可以更好预防卡钻，同时直棱结构能够更好地修复井壁，与塔式钻具相比，更好解放钻压。在气体钻井上进行了现场试验，试验结果表明，方接头满眼钻具组合能够合理控制井斜，减少井下复杂，提高钻井速度。方接头满眼钻具组合如下：

$\phi$215.9mm BIT+$\phi$210mm 方接头（1.5m）+$\phi$178mm JHF×2（1m）+$\phi$178mm DC（1.38m）+$\phi$210mm 方接头（1.4m）+$\phi$178mm DC（9.34m）+$\phi$210mm 方接头（1.4m）+$\phi$178mm DC×2（18.7m）+411/4A10（0.49m）+$\phi$165mm DC×6（56.3m）+$\phi$159mm DC×9（83.33m）+$\phi$127mm DP。

气体钻井应用方接头满眼钻具组合情况见表2-11。

表2-11 气体钻井应用方接头满眼钻具组合情况

| 井 号 | 最大井斜<br>（°） | 钻压<br>kN | 机械钻速<br>m/h | 备 注 |
|---|---|---|---|---|
| XS441 | 8.14 | 20~70 | 9.38 | 无卡钻事故发生，起下钻基本无遇阻 |
| XS904 | 15.5 | 20~70 | 9.69 | 无卡钻事故发生，起下钻基本无遇阻 |
| XS35 | 2.8 | 20~80 | 6.07 | 无卡钻事故发生 |

# 第五节 气体钻井注气参数计算

## 一、最小动能标准

该标准是根据空气采矿钻井实践得来的，这里认为井眼中有效携带固体颗粒所需的大气条件下气体的最小环空流速为15m/s，其单位体积动能为

$$E_{go} = \frac{1}{2}\rho_{go}v_{go}^2 \tag{2-15}$$

式中 $E_{go}$——单位体积动能，J/m³；
$\rho_{go}$——标准状态下气体的密度，空气为1.22kg/m³；
$v_{go}$——标准状态下气体的流速，空气为15.24m/s。

对于空气，携屑最小动能为

$$E_{go} = \frac{1}{2}\times1.22\times15.24^2 = 141.677(\text{J/m}^3)$$

## 二、最小注气量

### （一）环空压耗的求解

由于气体在井眼中高速流过产生较大的压耗，不同井深压力不同，其流速也不同，因此需要求出不同井深的压力。对于等直径的环空微元段，则：

$$\mathrm{d}p = \gamma_m\left[1 + \frac{fv^2}{2g(D_h - D_p)}\right]\mathrm{d}Z \tag{2-16}$$

式中 $D_h$——井眼直径，m；
$D_p$——钻柱外径，m；
$Z$——井深，m；
$\gamma_m$——井深$Z$处混合物重度，N/m³；
$f$——摩擦系数；
$v$——环空中流体的速度，m/s。

混合物的容重可由式(2-17)得到：

$$\gamma_\mathrm{m} = \rho_\mathrm{g} g(1+r) = \frac{\gamma p M_\mathrm{g}}{RT_\mathrm{av} g}(1+r) \tag{2-17}$$

其中

$$r = \frac{w_\mathrm{s}}{w_\mathrm{g}} \tag{2-18}$$

$$w_\mathrm{s} = \frac{\pi}{4} v_\mathrm{pe} D_\mathrm{h}^2 \rho_\mathrm{s} g \tag{2-19}$$

$$w_\mathrm{g} = \frac{\gamma p M_\mathrm{g}}{RT_\mathrm{av} g} Q_\mathrm{go} \tag{2-20}$$

式中 $w_\mathrm{s}$——固体的质量流量，N/s；
$w_\mathrm{g}$——气体的质量流量，N/s；
$T_\mathrm{av}$——环空流体温度，K；
$M_\mathrm{g}$——气体的相对分子质量；
$\gamma$——气体的相对密度；
$r$——环空中固、气质量流量比；
$\rho_\mathrm{g}$——气体的密度，kg/m³；
$\rho_\mathrm{s}$——岩屑密度，kg/m³；
$Q_\mathrm{go}$——标准状态下气体流量，m³/s；
$v_\mathrm{pe}$——机械钻速，m/h；
$g$——重力加速度；
$R$——摩尔气体常数，J/(mol·K)。

环空中流体的速度为

$$v = Q_\mathrm{go} \frac{p_0}{T_0} \frac{T_\mathrm{av}}{p} \frac{1}{\frac{\pi}{4}(D_\mathrm{h}^2 - D_\mathrm{p}^2)} \tag{2-21}$$

式中 $p_0$——标准状态下的大气压，$p_0 = 0.101325$ MPa；
$T_0$——标准状态下的温度，$T_0 = 0$ ℃。

摩擦系数 $f$ 的修正公式：

$$f = \left[\frac{1}{1.74 - 2\lg\left(\frac{2\bar{e}}{D_\mathrm{h} - D_\mathrm{p}}\right)}\right]^2 \tag{2-22}$$

其中

$$\bar{e} = \frac{\left(\dfrac{e_\mathrm{p} d_i + e_\mathrm{b} d_\mathrm{b}}{d_i + d_\mathrm{b}}\right)(H - H_\mathrm{c}) + e_\mathrm{p} H_\mathrm{c}}{H}$$

# 第三章 气体钻井经济评价技术

## 第一节 气体钻井提高钻井速度经济性评价

气体钻井如何才能获得好的经济效益呢？本节讨论认为，要有不同当量密度提高钻井速度的计算模型，才能量化计算纯气体、雾化、泡沫和充气等不同钻进方式下的提速效果和经济效益。现有文献没有找到相关模型，根据大庆油田多口液体欠平衡钻井、纯气体钻井、雾化钻井、泡沫钻井和充气钻井的实钻钻速提高数据回归出了不同当量密度提速效果计算模型，从而建立了量化计算气体钻井经济效益的数学模型。

### 一、当量密度与钻速提高倍数计算模型

**(一) 当量密度与钻速提高倍数计算模型的建立**

若要计算提速的经济性，则必须量化计算不同当量密度提速效果。循环介质当量密度越高钻井速度越慢，当量密度越低钻速越快。由于欠平衡钻井循环介质当量密度降低，因此钻井速度快。但对于当量密度变化对提高钻井速度的量化计算模型，国内外没有成熟的计算模型，本节对此进行探索性研究。

由于影响钻井速度的因素非常复杂，如地层因素（层位岩性、深度、孔隙度、地层压力）、钻进参数（钻压和转速）、钻头类型等，因此根据实钻资料建立钻速与当量密度的单因素模型非常困难。但降低当量密度可以提高钻井速度，在相同层位、相同深度、相同岩性地层、相同钻头型号和钻进参数条件时，大多数情况下可以成立，因此采用根据相同层位及深度井段邻井常规钻井的钻速和气体钻井钻速对比，建立不同当量密度钻井速度提高倍数的计算模型是可能的。对于钻进参数的影响，一般相同类型的钻头转速相同，主要是钻压不同，可根据修正杨格模式按照钻速与钻压成正比进行折算，折算成相同的钻压的钻井速度。

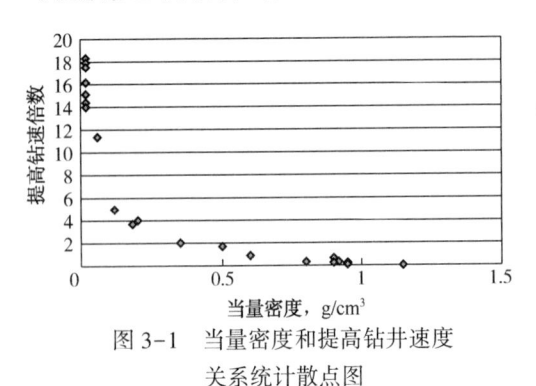

统计了多口井的欠平衡钻井（包括气体钻井）实钻资料，如图3-1所示，其中当量密度 $0.02 g/cm^3$ 为空气钻井，当量密度 $0.02 \sim 0.05 g/cm^3$ 为雾化钻井，当量密度 $0.05 \sim 0.7 g/cm^3$ 为泡沫钻井（泡沫钻井当量密度计算见第六章），当量密度 $0.7 \sim 1 g/cm^3$ 为充气钻井（充气钻井当量密度计算见第六章），当量密度 $0.9 \sim 1.1 g/cm^3$ 为低密度油基钻井液钻井。以当量密度 $1.15 g/cm^3$ 为常规钻井（大庆外围常规钻井多用此密度）作为提高的

图3-1 当量密度和提高钻井速度关系统计散点图

对比基准。

从散点图 3-1 看，其接近于反比例函数，假设该函数为

$$v_q = \frac{k}{ar^n + b} - c \tag{3-1}$$

式中　$a, b, c, n, k$——待定系数；
　　　$v_q$——钻井钻速提高倍数；
　　　$r$——循环介质当量密度，$g/cm^3$。

把数据代入式（3-1）回归求出相关系数得：$a=1.1$，$c=1.01$，$n=0.98$，$b=0.06$，$k=1.31$。

则提高倍数与当量密度的关系为

$$v_q = \frac{1.31}{1.1r^{0.98} + 0.06} - 1.01 \tag{3-2}$$

根据钻进参数和常规钻井的钻速，就能预测不同工艺气体钻井的钻速，结果如下：

$$v = \frac{W_q}{W_c}v_c(1 + v_q) \tag{3-3}$$

式中　$v$——气体钻井钻速，m/s；
　　　$v_c$——常规钻井钻速，m/s；
　　　$W_q$——气体钻井钻压，kN；
　　　$W_c$——常规钻井钻压，kN。

**（二）模型的验证**

把数据散点连接成曲线与计算曲线对比，结果如图 3-2 所示，两条曲线有交叉，趋势基本一致，表明应用该模型计算大庆油田各区块气体钻井提速效果是可行的。当然不同油田相关的系数可能有所不同，若要用该模型需要根据各自的数据进行回归修正。

## 二、气体钻井经济性计算模型

**（一）常规钻井成本计算模型**

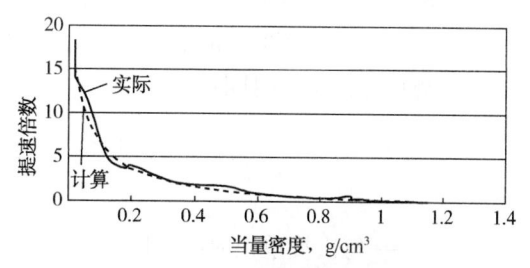

图 3-2　计算与实际提高倍数对比

由于气体钻井只在一段井眼中进行，为对比气体钻井和常规钻井的经济效益，需要在相同的井段条件下进行对比，分别计算应用气体钻井和应用常规钻井所需要的成本。其中，常规钻井所需要的成本包括固定成本、钻头成本、时间成本（包括钻进时间、接单根时间、起下钻时间、复杂时间、其他时间），表示成计算模型如下：

$$C_n = C_{dg} + C_d\left(\frac{H}{24v} + T_q + T_f + T_j\right) + C_b \tag{3-4}$$

式中　$C_n$——常规钻井对比段钻进总成本，万元；

$C_{dg}$——常规钻井固定成本，万元；

$C_d$——常规钻井钻机日费，万元；

$C_b$——钻头成本，万元；

$H$——气体钻井井段长度，m；

$v$——常规钻井机械钻速，m/h；

$T_q$——起下钻时间，d；

$T_f$——处理复杂时间，d；

$T_j$——接单根时间，d。

为了便于对比计算，可以把钻头成本、钻进时间、接单根时间、起下钻时间、复杂时间、其他时间转换成钻进井段长度的函数，相关参数函数如下。

常规钻井钻头的成本计算：

$$C_b = \frac{H}{B_h} C_p \tag{3-5}$$

式中 $C_b$——钻头成本，万元；

$B_h$——单只钻头进尺，m/只；

$C_p$——单只钻头成本，万元/只。

按井深 $H_k$ 开始气体钻井，起下钻时间计算如下：

$$T_q = \frac{H/2 + H_k}{24} \left( \frac{1}{v_q} + \frac{1}{v_x} \right) \frac{H}{B_h} \tag{3-6}$$

式中 $v_q$——起钻速度，m/h；

$T_q$——起下钻时间，d；

$H_k$——开始气体钻井井深，m；

$v_x$——下钻速度，m/h。

常规钻井接单根时间：

$$T_j = \frac{H t_j}{24 L_p} \tag{3-7}$$

式中 $t_j$——每次接单根时间，h；

$T_j$——常规钻井总接单根时间，d；

$L_p$——每个单根长度，m。

处理复杂时间：

$$T_f = \eta \frac{H}{24 v_t} \tag{3-8}$$

式中 $T_f$——常规钻井处理复杂时间，d；

$\eta$——复杂时间占钻进时间的比率。

将式(3-4)至式(3-7)代入式(3-8)得常规钻井成本计算模型：

$$C_n = C_{dg} + C_d\left[\frac{H}{24v} + \frac{H/2 + H_k}{24}\left(\frac{1}{v_q} + \frac{1}{v_x}\right)\frac{H}{B_h} + \eta\frac{H}{24v_t} + \frac{Ht_j}{24L_p}\right] + \frac{H}{B_h}C_p \tag{3-9}$$

### (二)气体钻井成本的计算模型

1. 气体钻井总成本构成

气体钻井的成本可分为固定成本(即不受钻井作业周期影响的成本,包括气体钻井设备搬迁运输、安装调试费、技术服务费、气体钻井设备待机费用等)、气体钻井钻进服务费,应用气体钻井井段可以有几种不同气体钻井工艺组合,如空气钻井、空气雾化泡沫钻井、氮气钻井、氮气雾化泡沫钻井、充气钻井和钻头,其成本构成表示成计算模型如下:

$$C_q = C_g + \sum_{i=1}^{n} C_i + C_{b1} \tag{3-10}$$

式中 $C_q$——气体钻井对比段钻进总成本,万元;
$C_g$——气体钻井固定费用,万元;
$C_i$——各段气体钻井成本,万元;
$C_{b1}$——气体钻井钻头成本,万元;
$n$——气体钻井类型总数;
$i$——所应用的不同气体钻井方式,如空气钻井、雾化泡沫钻井、充气钻井和液相欠平衡钻井。

2. 气体钻井段钻进成本计算

$$C_i = (C_{si} + C_z)(T_{zi} + T_{qi} + T_{ji}) + C_z T_{fi} \tag{3-11}$$

式中 $C_i$——气体钻井各段成本,万元;
$T_{zi}$——各段气体钻井钻进时间,d;
$C_{si}$——各段气体钻井专用设备日费,万元;
$C_z$——各段气体钻井期间常规钻井钻机作业日费,万元/d;
$T_{qi}$——各段气体钻井起下钻时间,d;
$T_{ji}$——各段气体钻井接单根时间,d;
$T_{fi}$——各段气体钻井复杂及其他非生产时间,d。

各段气体钻井纯钻进时间:

$$T_{zi} = \frac{H_i}{24v_i} \tag{3-12}$$

式中 $H_i$——各段气体钻井井段长度,m;
$v_i$——各段气体钻井机械钻速,m/h;

各段气体钻井起下钻时间:

$$T_{qi} = \frac{H_i/2 + H_{ki}}{24}\left(\frac{1}{v_q} + \frac{1}{v_x}\right)\frac{H_i}{B_{hi}} \tag{3-13}$$

式中 $T_{qi}$——各段气体钻井起下钻时间，d；
$H_{ki}$——开始各段气体钻井井深，m；
$B_{hi}$——各段气体钻井单只钻头进尺，m/只。

各段气体钻井接单根时间：

$$T_{ji} = \frac{H_i t_{ji}}{24 L_p} \tag{3-14}$$

式中 $t_{ji}$——各段气体钻井每次接单根时间，h；
$T_{ji}$——各段气体钻井总接单根时间，d；
$L_p$——每个单根长度，m。

各段气体钻井处理复杂时间：

$$T_{fi} = \eta_i \frac{H_i}{24 v_i} \tag{3-15}$$

式中 $T_{fi}$——空气钻井处理复杂时间，d；
$\eta_i$——复杂时间与钻进时间的比值。

**（三）气体钻井提速经济性分析及算例**

1. 不同井段长度对比

根据气体钻井和常规钻井相同井段的成本对比就能得出成本效果，也能得出不同钻速的气体钻井最低井段长度。如图 3-3 所示为不同井段长度气体钻井和常规钻井成本对比算例。从图 3-3 可以看出，井段长度太短，成本高于常规钻井，达到一定长度可以持平，超过一定长度就可比常规钻进成本低，井段越长降低成本效果越明显。

2. 不同气体钻井钻速可获得经济效益的最小井段长度

如图 3-4 所示为气体钻井不同钻速可获得经济效益的最小井段长度算例，从图 3-4 可以看出，气体钻井钻速越快，越可以在短井段获得经济效益。

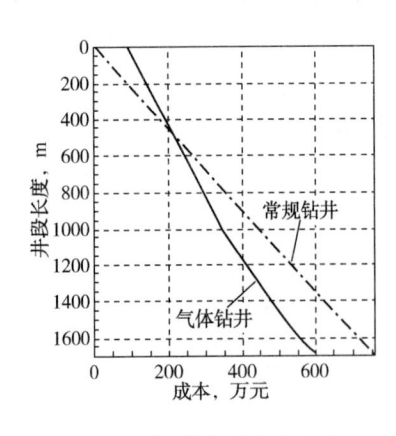

图 3-3 不同井段长度成本对比 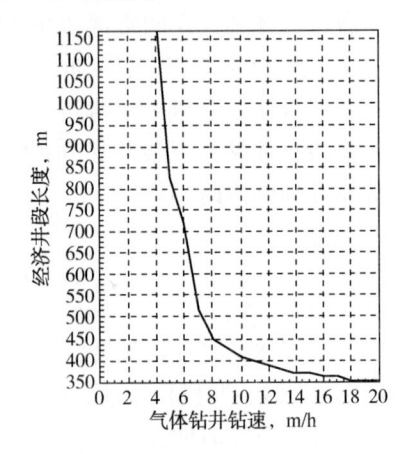　　图 3-4 不同钻速的经济井段长度

## 第二节 气体钻井保护储层经济性评价

气体钻井保护储层体现在产能和经济效益上，根据现有的产能计算模型及大庆油田储层保护实验数据，确定了常规钻井产生的损害表皮系数计算模型。通过建立常规钻井产能和气体钻井产能计算模型，对比常规钻井和气体钻井产能，从而预测气体钻井经济效益。

### 一、产能计算模型

#### （一）直井油层产能计算模型

根据达西定律，对于单相稳态的平面径向流的流量可表示为

$$Q_\mathrm{d} = \frac{2\pi Kh(p_\mathrm{c} - p_\mathrm{wf})}{\mu B_0 [\ln(r_\mathrm{e}/r_\mathrm{w}) + S]} \tag{3-16}$$

式中 $Q$——流量，$\mathrm{m}^3/\mathrm{d}$；

$h$——储层的有效厚度，m；

$\mu$——流体的黏度，$\mathrm{mPa \cdot s}$；

$r_\mathrm{e}$——储层的供油半径，m；

$r_\mathrm{w}$——井眼半径，m；

$S$——表皮系数；

$K$——储层油相的有效渗透率，mD；

$p_\mathrm{c}$——有效供油半径处的油层压力，MPa；

$p_\mathrm{wf}$——井内的流压，MPa；

$B_0$——体积系数。

#### （二）水平井油层产能计算模型

目前国外较流行的理想裸眼水平井产能数学模型有以下 4 种。

Giger：

$$Q = \frac{CK_\mathrm{h}h/B_0\mu_0(p_\mathrm{c} - p_\mathrm{wf})}{\beta \dfrac{h}{L}\ln \dfrac{1 + \sqrt{1 - (L/2r_\mathrm{e})^2}}{L/2r_\mathrm{e}} + \ln \dfrac{\beta h}{2\pi r_\mathrm{w}} + S} \tag{3-17}$$

Borisow：

$$Q = \frac{CK_\mathrm{h}h/B_0\mu_0(p_\mathrm{c} - p_\mathrm{wf})}{\ln \dfrac{4r_\mathrm{e}}{L} + \beta \dfrac{h}{L}\ln \dfrac{h}{2\pi r_\mathrm{w}} + S} \tag{3-18}$$

Jodhi：

$$Q = \frac{CK_h h/B_0\mu_0(p_e - p_{wf})}{\ln\dfrac{a + \sqrt{a^2 - (L/2)^2}}{L/2} + \beta\dfrac{h}{L}\ln\dfrac{h}{2\pi r_w} + S} \tag{3-19}$$

式中 $a$——排油椭圆长轴之半。

$$a = (L/2)\left[0.5 + \sqrt{0.25 + (2r_e/L)^4}\right]^{0.5} \tag{3-20}$$

Renard 和 Dupuy：

$$Q = \frac{CK_h h/B_0\mu_0(p_e - p_{wf})}{\cosh^{-1}(x) + \beta\dfrac{h}{L}\ln\dfrac{h}{2\pi r_w} + S} \tag{3-21}$$

其中

$$\beta = \sqrt{\frac{K_h}{K_v}} \tag{3-22}$$

$$x = 2a/L \tag{3-23}$$

$$\cosh^{-1}(x) = \ln\left(x \pm \sqrt{x-1}\right) \tag{3-24}$$

式中 $C$——地区系数；
　　　$K_h$——水平渗透率，mD；
　　　$K_v$——垂直渗透率，mD；
　　　$L$——水平段长度，m。

### （三）直井气层产能计算模型

$$Q_d = \frac{\pi T_{sc} Kh(p_e^2 - p_{wf}^2)}{T p_{sc} \bar{\mu} \bar{z} \ln[(r_e/r_w) + S]} \tag{3-25}$$

其中

$$\bar{\mu} = \mu\left(\frac{p_e + p_{wf}}{2}\right) \tag{3-26}$$

$$\bar{z} = z\left(\frac{p_e + p_{wf}}{2}\right) \tag{3-27}$$

式中 $\mu$——气体黏度，mPa·s；
　　　$z$——气体偏差因子；
　　　$T_{sc}$——标准状态下温度，K；
　　　$T$——地层温度，K；
　　　$p_{sc}$——标准状态下压力，MPa。

## （四）水平井气层产能计算模型

Giger：

$$Q = \frac{C\pi T_{sc}K_h h/(Tp_{sc}\bar{\mu}\bar{z})(p_c^2 - p_{wf}^2)}{\beta\dfrac{h}{L}\ln\dfrac{1+\sqrt{1-(L/2r_e)^2}}{L/2r_e} + \ln\dfrac{\beta h}{2\pi r_w} + S} \tag{3-28}$$

Borisow：

$$Q = \frac{C\pi T_{sc}K_h h/(Tp_{sc}\bar{\mu}\bar{z})(p_c^2 - p_{wf}^2)}{\ln\dfrac{4r_e}{L} + \beta\dfrac{h}{L}\ln\dfrac{\beta h}{2\pi r_w} + S} \tag{3-29}$$

Jodhi：

$$Q = \frac{C\pi T_{sc}K_h h/(Tp_{sc}\bar{\mu}\bar{z})(p_c^2 - p_{wf}^2)}{\ln\dfrac{a+\sqrt{a^2-(L/2)^2}}{L/2} + \beta\dfrac{h}{L}\ln\dfrac{\beta h}{2\pi r_w} + S} \tag{3-30}$$

式中　$a$——排油椭圆长轴之半。

$$a = (L/2)\left[0.5 + \sqrt{0.25 + (2r_e/L)^4}\right]^{0.5} \tag{3-31}$$

Renard 和 Dupuy：

$$Q = \frac{C\pi T_{sc}K_h h/(Tp_{sc}\bar{\mu}\bar{z})(p_c^2 - p_{wf}^2)}{\cosh^{-1}(x) + \beta\dfrac{h}{L}\ln\dfrac{\beta h}{2\pi r_w} + S} \tag{3-32}$$

其中

$$x = 2a/L$$

$$\cosh^{-1}(x) = \ln(x \pm \sqrt{x-1})$$

## 二、钻井和完井表皮系数计算模型

表皮系数是总参数，它兼顾了近井区伤害深度和广度范围内的综合效应，气体钻井的产能和过平衡钻井产能的主要差别就在于产生的表皮系数不同。

### （一）表皮系数的组成

$$S = S_z + S_{PT} + S_{PF} + S_\theta + S_b + S_{tu} + S_A \tag{3-33}$$

式中　$S$——总表皮系数；

　　$S_z$——由钻井和完井对地层的伤害所引起的表皮系数；

$S_{PT}$——储层部分打开拟表皮系数；

$S_{PF}$——射孔完井拟表皮系数；

$S_\theta$——井斜拟表皮系数；

$S_b$——流速变化拟表皮系数；

$S_{tu}$——非达西流（高速流）拟表皮系数；

$S_A$——泄油面积形状拟表皮系数。

### (二) 钻井伤害引起的表皮系数

气体钻井引起的表皮系数为0，常规钻井由于近井区中伤害程度是变化的，所以将总表皮系数表示为一系列连续段各自的表皮系数之和更为恰当，即：

$$S_z = \sum_{i=1}^{N} S_i = \sum_{i=1}^{N} (K/K_i - 1)\ln(r_i/r_{i-1}) \qquad (3-34)$$

式(3-34)可以计算钻井伤害表皮系数，但需要先计算钻井的伤害深度和渗透率降低数量。

#### 1. 滤液伤害深度计算

Yan等(1997)通过对伤害岩心切片得到的试验数据进行回归分析，将钻井液和完井液的侵入深度联系起来，他们的经验关系式为

$$r = 1.612\Delta p^{0.521} (v/\phi)^{0.27} e^{0.043K} \qquad (3-35)$$

式中　$r$——伤害深度，cm；

　　　$\Delta p$——压差，MPa；

　　　$v$——累计滤失量，cm³；

　　　$\phi$——孔隙度，%；

　　　$K$——渗透率，mD。

式(3-35)无法应用于地层伤害计算，因为滤失量无法确定。

根据大庆油田钻井院钻井液所的室内实验数据回归出了以下钻井液和完井液的侵入深度的计算公式：

$$r = 0.000036\Delta p^{0.29} T^2 K^{0.06} \phi^{0.2} t^{0.3} \qquad (3-36)$$

式中　$t$——钻井液浸泡时间，h；

　　　$T$——地层温度，K；

　　　$r$——伤害深度，cm；

　　　$\Delta p$——压差，MPa；

　　　$\phi$——地层孔隙度，%；

　　　$K$——地层原始渗透率，mD。

式(3-36)考虑到压力、温度、孔隙度、渗透率和时间的影响，其计算结果与实验数据对比见表3-1和表3-2，计算趋势与实验吻合，式(3-36)可用于计算随钻伤害深度。由于各区块和层位的物性有所不同，若应用该公式，相关系数需要根据区块相应层位岩性实验数据进行校正。

## 第三章 气体钻井经济评价技术

**表 3-1 伤害深度实验数据**

| 时间, h | 侵入深度, cm |  |  |  |
|---|---|---|---|---|
|  | 样品 72-6, 压力 7MPa, 渗透率 0.325mD, 温度 373K, 孔隙度 11.12% | 样品 72-3, 压力 3MPa, 渗透率 0.291mD, 温度 373K, 孔隙度 11.22% | 样品 62-2, 压力 1MPa, 渗透率 0.249mD, 温度 373K, 孔隙度 12.22% | 样品 72-4, 压力 5MPa, 渗透率 0.302mD, 温度 373K, 孔隙度 11.02% |
| 0 | 0 | 0 | 0 | 0 |
| 24 | 32.44 | 28.15 | 20.04 | 30.75 |
| 48 | 41.75 | 35.62 | 25.57 | 39.34 |
| 120 | 57.49 | 48.01 | 34.79 | 53.74 |
| 240 | 72.6 | 59.7 | 43.48 | 67.48 |
| 400 | 85.88 | 69.82 | 51.02 | 79.49 |
| 480 | 91.12 | 73.79 | 53.98 | 84.21 |
| 800 | 107.39 | 85.98 | 63.05 | 98.83 |
| 960 | 113.8 | 90.75 | 66.59 | 104.58 |
| 1200 | 122.13 | 96.91 | 71.17 | 112.02 |
| 1440 | 129.35 | 102.23 | 75.12 | 118.46 |
| 1600 | 133.69 | 105.42 | 77.48 | 122.34 |

**表 3-2 理论计算伤害深度**

| 时间, h | 侵入深度, cm |  |  |  |
|---|---|---|---|---|
|  | 样品 72-6, 压力 7MPa | 样品 72-3, 压力 3MPa | 样品 62-2, 压力 1MPa | 样品 72-4, 压力 5MPa |
| 0 | 0 | 0 | 0 | 0 |
| 24 | 34.170654 | 26.500877 | 19.060043 | 30.889784 |
| 48 | 42.069009 | 32.626407 | 23.465665 | 38.029785 |
| 120 | 55.378895 | 42.948821 | 30.889784 | 50.061733 |
| 240 | 68.179417 | 52.876202 | 38.029785 | 61.633222 |
| 400 | 79.47086 | 61.633222 | 44.328037 | 71.840525 |
| 480 | 83.938709 | 65.09824 | 46.820158 | 75.879397 |
| 800 | 97.840105 | 75.879397 | 54.574215 | 88.446061 |
| 960 | 103.34067 | 80.145335 | 57.642376 | 93.418496 |
| 1200 | 110.49542 | 85.694165 | 61.633222 | 99.886289 |
| 1440 | 116.70747 | 90.511888 | 65.09824 | 105.50189 |
| 1600 | 120.4553 | 93.418496 | 67.18874 | 108.88987 |

2. 过平衡钻井渗透率伤害程度计算

可以根据实验数据回归出来计算公式进行计算,也可直接根据实验数据插值。由于岩性、物性差异很大，回归出的公式差别很大。

实验数据插值法，是根据同区块的不同渗透率取心岩石的损害情况实验数据进行加权平均插值。

计算井的原始渗透率为 $K$，实验数据与计算井接近岩心原始渗透率 $K_{i-1}$，$K_i$，且 $K_{i-1} < K < K_i$，伤害后渗透率为 $K_{ii-1}$、$K_h$、$K_{ii}$，则：

$$K_h = K_{ii} - \frac{K_i - K}{K_i - K_{i-1}}(K_{ii} - K_{ii-1}) \tag{3-37}$$

### （三）储层部分打开拟表皮系数

$$S_{PT} = \left(\frac{h}{h_p} - 1\right)\left[\ln\left(\frac{h}{r_w}\right)\left(\frac{K}{K_v}\right)^{\frac{1}{2}} - 2\right] \tag{3-38}$$

### （四）射孔完井拟表皮系数

$$S_{PF} = S_P + S_G + S_{dp} \tag{3-39}$$

式中　$S_{PF}$——射孔拟表皮系数；
　　　$S_P$——射孔孔眼拟表皮系数；
　　　$S_G$——射孔充填线性流拟表皮系数；
　　　$S_{dp}$——压实带拟表皮系数。

**1. 射孔孔眼拟表皮系数**

$S_P$ 可分解为平面流动效应产生的拟表系数 $S_h$、垂直流动效应产生的拟表皮系数 $S_v$、井眼效应产生的井眼拟表皮系数 $S_{wb}$ 三部分。

$$S_P = S_h + S_v + S_{wb} \tag{3-40}$$

（1）平面流动效应产生的拟表系数。

$$S_h = \ln\frac{r_w}{r'_w(\varphi)} \tag{3-41}$$

式中　$r'_w(\varphi)$——有效井眼半径，与相位角 $\varphi$ 有关。

当 $\varphi = 0$ 时：

$$r'_w(\varphi) = L_p/4 \tag{3-42}$$

当 $\varphi \neq 0$ 时：

$$r'_w(\varphi) = 2\varphi(r_w + L_p) \tag{3-43}$$

式中　$L_p$——射孔深度，m；
　　　$r'_w(\varphi)$——有效井筒半径，m；
　　　$\varphi$——射孔相位角，(°)。

(2) 垂直流动效应产生的拟表皮系数。

$$S_{v} = 10^{\left[a_1\lg\frac{r_p N}{2}\left(1+\sqrt{\frac{K_v}{K}}\right)+a_2\right]} \frac{1}{NL_p}\sqrt{\frac{K}{K_v}}^{\left[b_1\frac{r_p N}{2}\left(1+\sqrt{\frac{K_v}{K}}\right)+b_2-1\right]} \left[\frac{r_p N}{2}\left(1+\sqrt{\frac{K_v}{K}}\right)\right]^{\left[b_1\frac{r_p N}{2}\left(1+\sqrt{\frac{K_v}{K}}\right)+b_2\right]}$$

(3-44)

式中 $N$——有效射孔总孔数，孔；
$r_p$——射孔孔眼半径，m；
$a_1$、$a_2$、$b_1$、$b_2$——与相位角有关的系数。

(3) 井眼效应产生的井眼拟表皮系数。

$$S_{wb} = C_1 e^{C_2 \frac{r_w}{r_w+L_p}} \tag{3-45}$$

2. 射孔充填线性流拟表皮系数 $S_G$

$$S_G = \frac{2KhL_p}{K_G r_p^2 N} \tag{3-46}$$

式中 $K_G$——砾石充填渗透率。

3. 压实带拟表皮系数 $S_{dp}$

$$S_{dp} = \frac{Kh}{K_{dp}L_p N}\left(1-\frac{K_{dp}}{K_d}\right)\ln\frac{r_{dp}}{r_p} \tag{3-47}$$

式中 $K_d$——污染带渗透率，D；
$K_{dp}$——压实带渗透率，D；
$r$——压实带半径，m。

### （五）井斜拟表皮系数

$$S_\theta = \left(\frac{\theta'_w}{41}\right)^{2.06} - \left(\frac{\theta'_w}{56}\right)^{1.865}\lg\left(\frac{h_D}{100}\right) \tag{3-48}$$

$$\theta'_w = \arctan\left[\sqrt{\frac{K_v}{K}}\tan\theta_w\right] \tag{3-49}$$

$$h_D = \frac{h}{r_w}\sqrt{\frac{K}{K_v}} \tag{3-50}$$

式中 $S_\theta$——井斜拟表皮系数；
$\theta'_w$——井斜校正角度，(°)；
$h_D$——无因次地层厚度；
$\theta_w$——实际井斜角度，(°)。

### （六）储层形状拟表皮系数

$$S_A = \frac{1}{2}\ln(31.6/C_A) \tag{3-51}$$

式中　$C_A$——储层形状系数。

### （七）流速变化拟表皮系数

$$S_b = \left(\frac{1}{M} - 1\right)\ln\frac{r_b}{r_w} \tag{3-52}$$

式中　$M$——流度比；

　　　$r_b$——流度变化区的半径，m。

### （八）非达西流拟表皮系数

$$S_{tu} = DQ \tag{3-53}$$

式中　$D$——非达西流因子，D/m³；

　　　$Q$——流体流量，m³/d。

## 三、气体钻井保护储层经济性计算模型

### （一）累计产能计算模型

由于产能随时间变化，需要计算累计产能，才能计算经济效益。产能随时间变化有3种模式，即指数递减、双曲线递减和调和递减。

1. 指数递减

产能随时间指数递减关系式为

$$Q_t = Q_i \mathrm{e}^{-D_i t} \tag{3-54}$$

式中　$Q_t$——时间$t$时的产能，m³/d；

　　　$Q_i$——初始产能，m³/d；

　　　$D_i$——系数；

　　　$t$——时间。

累计产能：

$$N_p = \frac{1}{D_i}(Q_i - Q_t) \tag{3-55}$$

式中　$N_p$——累计产能，m³。

2. 双曲线递减

$$Q_t = Q_i(1 + nD_i t)^{-\frac{1}{n}} \tag{3-56}$$

累计产能：

$$N_p = \frac{Q_i^n}{(1-n)D_i}(Q_i^{1-n}/Q_t^{1-n}) \tag{3-57}$$

式中 $n$——递减指数，$0 \leq n \leq 1$。

3. 调和递减

$$Q_t = Q_i(1 + D_i t)^{-1} \tag{3-58}$$

累计产能：

$$N_p = \frac{Q_i}{D_i}\ln(Q_i/Q_t) \tag{3-59}$$

**（二）经济性计算模型**

$$C = N_p J(1 - ZZS) - TR(1+L)^t - Gt \tag{3-60}$$

式中 $C$——效益，元；
$N_p$——累计产能，$m^3$；
$J$——价格，元/$m^3$；
$ZZS$——增值税，%；
$TR$——钻井投入，元；
$L$——年利率，%；
$G$——固定操作费用，元/d。

**（三）保护储层效果分析算例**

1. 对比分析

如图3-5所示为日产能变化对比算例，如图3-6所示为累计产能对比算例，可以看出气体钻井效果好于常规钻井。

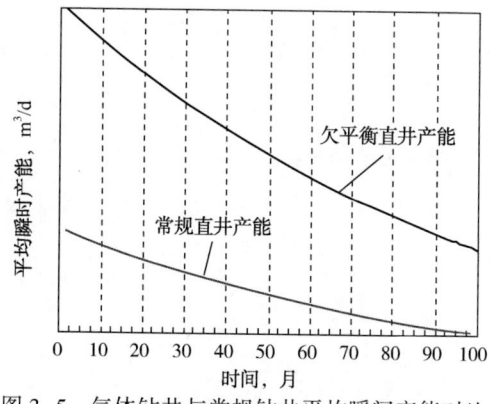

图3-5 气体钻井与常规钻井平均瞬间产能对比

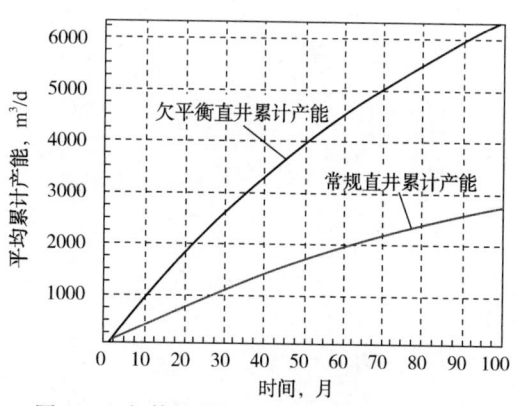

图3-6 气体钻井与常规钻井累计产能对比

## 2. 产能和经济性算例

由于储层地质非均质，因此根据地质参数不同给出了 3 种可能性结果供参考如图 3-7 所示，同时算出了不同时间能够带来的支出、收入和效益情况，如图 3-8 所示。

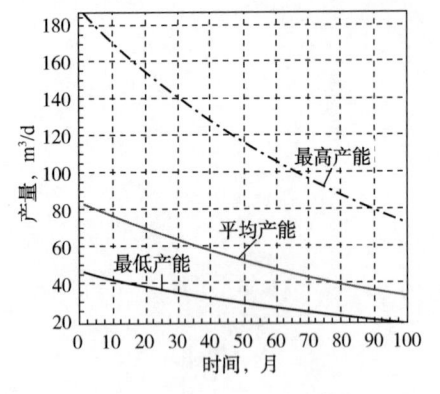

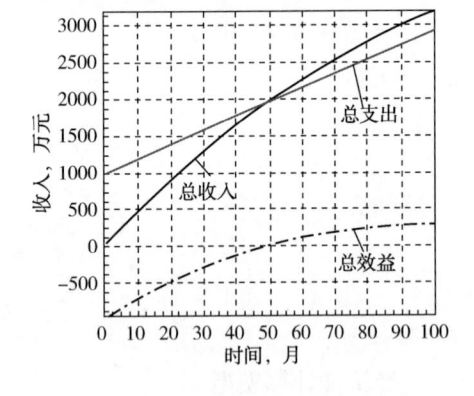

图 3-7　气体欠平衡裸眼完井原油不同时间产能

图 3-8　气体欠平衡裸眼完井原油经济效益

# 第四章 气体钻井工艺技术

气体钻井按工艺可分为纯气钻井、雾化钻井、泡沫钻井和充气钻井，其钻进工艺基本相同，差别在于雾化钻井需要注入雾化液，泡沫钻井需要注入泡沫液，充气钻井需要注入钻井液。

## 第一节 深层气体钻井工艺技术

### 一、气体钻井流程图

气体钻井流程图如图4-1所示。

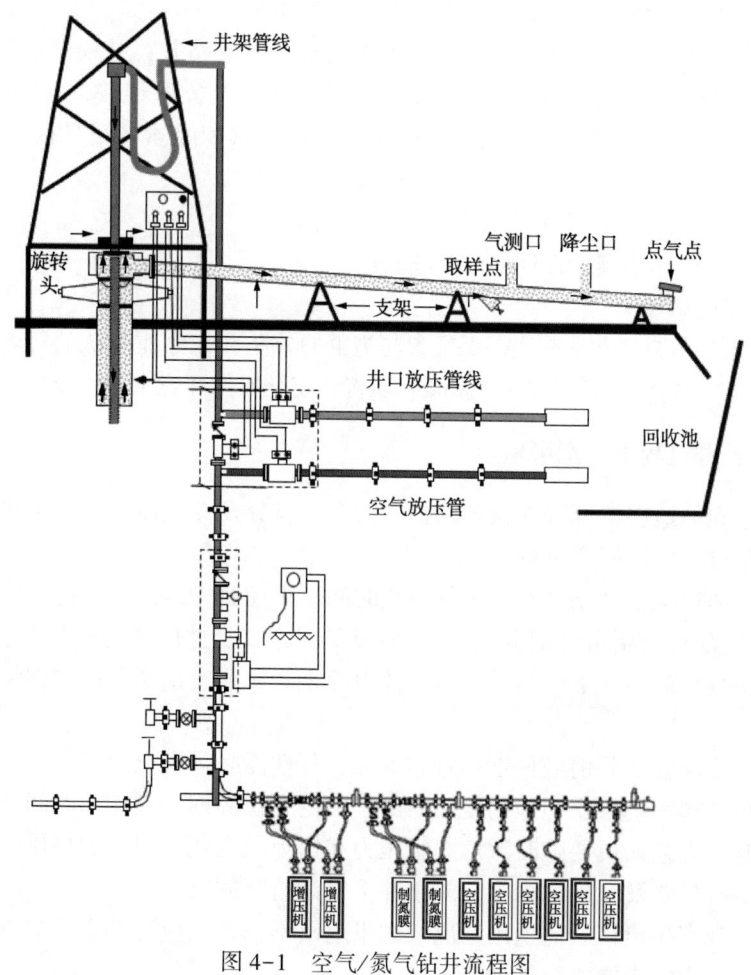

图4-1 空气/氮气钻井流程图

## 二、气体钻井作业前的准备工作和注意事项

### (一) 气体钻井准备

(1) 认真阅读甲方提供的地质设计和工程设计,详细了解不同井段的地质分层和岩性特征。

(2) 按照设计摆放好气体钻井设备及其配套管线。

(3) 安装好全套防喷器、旋转防喷器及管汇,按规定试压合格。

(4) 安装好排砂管线,并固定,出口在下风方向;排砂管上安装好监测仪器、降尘装置和取样装置。

(5) 按工程设计配备好钻具组合。

(6) 选择与地层相匹配的钻头或空气锤。

(7) 连接好气体钻井设备及其连接管线和仪器,对高、中压管线、管汇都要严格固定,每根高压、中压和排空管线都要栓保险链。

(8) 检查所有发动机防火罩和照明灯防爆装置及防爆电路,确保完好。

(9) 检查灭火装置数量及完好状态,按规定配备齐全。

(10) 在井场 200m 外设立警示牌,说明此处在进行气体钻井;井场严禁烟火。

(11) 贮备足够数量的相应密度的压井液,并将钻井泵与立管连接,随时可用。

(12) 如可能存在天然气溢出的情况,应使用防爆工具和绳索,钻具接头和方补心应涂防爆材料。

(13) 调整好设备,防止产生火花。

(14) 制定安全操作规定和岗位分工及职责。

(15) 制定好应急预案。

(16) 进行措施和施工方案交底,保证参与施工的井队和气体作业队的每名员工都明白和熟悉每一道工序的目的、意义、方法、步骤、职责和安全操作注意事项以及应急预案的处理。

### (二) 气体钻井过程中注意事项

(1) 根据不同的地层特性选择合理的钻井参数,充分发挥气体钻井钻速快的特点,在安全的条件下,尽可能快地提高机械钻速。

(2) 在循环的情况下,钻具在井内的静止时间不得超过 10min,钻具活动范围视井下情况而定。特殊情况下(如需静止时间较长)应将钻具提至安全井段,防止井下事故发生。

(3) 在停止循环的条件下,钻具不得在井内静止。如遇复杂情况应立即将钻具提至套管内进行处理。

(4) 每只单流阀在下井前应仔细检查和保养,其性能必须安全可靠。

(5) 每只单流阀都要根据当地的使用情况,确定更换周期,到使用时间必须更换。

(6) 钻井时,工艺人员要随时注意立管压力和扭矩的变化情况,如果压力变化波动不正常或扭矩不正常时,要及时采取措施,防止井下复杂情况的发生。

(7) 要经常观察排出口岩屑返出情况。如果返出不正常,应对井下情况进行准确分析和判断,及时采取相应的措施进行处理。

(8) 钻进过程中严格执行"两洗一划"制度，即钻完单根后要洗井划眼 5~10min，接单根后要洗井 3~5min。

(9) 钻井作业期间，人员不得在气体钻井高、低压管线、管汇处逗留。

### 三、气体钻井施工步骤

**（一）替钻井液**

用清水将井筒内钻井液全部替出，清洗一周，确保井下清洁。清水排放到排放池，然后回收到废钻井液坑内。

**（二）气举**

起出钻具，按设计下入气体钻井钻具组合到井底，注入气体气举清水，直至出来的为纯气。

**（三）干燥井眼试钻进**

（1）用气体循环干燥井眼直到返出为干气。

（2）正常钻井前应进行试钻进 1.5~3m，试钻进应控制机械钻速，观察立压、扭矩、岩屑返出是否正常，一切正常后方可正式钻进。

（3）气体排量可由现场技术人员根据实际情况适时调整。

**（四）钻进技术措施**

（1）在钻进过程中可适当调整注气量，使得气量尽量在低限，以节省资源和减少对井壁的冲蚀。

（2）钻进过程中均运送钻，钻进参数应根据机械钻速等情况及时合理调整；注意悬重、立压、扭矩、返出岩屑、全烃，发现异常变化，应立即停止钻进、活动钻具、循环观察，并及时处理。

（3）钻进过程中应定时对井口、注入管汇、排砂管线等进行巡回检查，发现异常及时汇报。

（4）气体钻井应对可燃气体、有毒气体进行监测，并认真记录，及时汇报，氮气钻井过程中，发现有可燃气体显示，应及时点火。

（5）气体钻井前应按设计储备钻井液和加重材料，气体钻井期间每天应对储备钻井液进行搅拌维护，确保钻井液性能稳定可靠，随时做好替浆和压井准备。

（6）每钻完一个单根，停止转动，上下活动钻具，检查是否有遇阻现象，如有遇阻现象及时报告。

**（五）接单根（或立柱）作业**

（1）循环 15~20min，充分清洗井眼，划眼两至三遍，保证环空循环畅通，井内压力平稳后，方可进行接单根（或立柱）作业。

（2）上提钻具，坐吊卡。

(3) 停止注气，打开泄压阀。

(4) 待立管压力为零时，卸扣。

(5) 接单根（或立柱）。

(6) 上好扣后，检查钻具是否有毛刺，若有则必须打磨。

(7) 打开进气阀，关闭泄压阀，恢复注气。

(8) 恢复钻进。接完单根后，要求待到排出口气体正常返出，各项参数恢复正常后方可正常钻进。

(9) 气体钻井期间，由专岗观察排出口情况、扭矩和注入压力变化，如果发现异常，向负责人汇报。

**（六）起钻作业**

(1) 起钻前要至少循环2周，充分清洗井眼，认真划眼，无岩屑排出，保证环空循环畅通，注入压力平稳后，方可进行起钻作业。

(2) 空压机停止工作，上提钻具，坐吊卡。

(3) 打开泄压阀，待立管压力为零时，卸扣；开始正常的起钻作业。

(4) 如果地层没有油气水，可空井起下钻；如果地层有油气水，钻具起到技套压井，然后正常起下钻。

(5) 起钻时要严格检查钻具本体、螺纹、台肩和接头的磨损情况，如果钻具小于API规定的一级钻杆的标准或有微裂缝等情况，应单独摆放做好标记严禁入井。

(6) 卸掉钻具上的箭形回压阀和下旋塞，单独存放，起钻完后由技术员检查箭形回压阀完好情况，如果出现磨损不工作等情况则不能下井使用。

(7) 起钻过程中注意上提钻具的拉力变化，钻井液工、场地工坚守坐岗。其他有关作业单位也必须坚守岗位。

(8) 起钻完后应严格执行井控要求，做好各项工作的衔接，尽量减少空井时间。

**（七）下钻操作步骤**

(1) 按规定进行钻具的倒换，井队技术员应对入井的工具进行测量并画出草图。

(2) 下钻操作要求平稳，严格控制下放速度，尤其是进入裸眼段以后。

(3) 下钻过程中应严格注意下放钻具阻力的变化，如有遇阻、卡钻现象应及时正确地做出判断，如地层有垮塌现象执行应急预案。

(4) 下钻到底后，接旋塞、箭形回压阀和方钻杆或顶驱，关闭泄压阀；按设计注入排量向井内注气，至少循环1周以上，观察排气口排出情况。如压井或地层进水按气举作业措施进行举水作业，直至将井眼内的水顶替干净；待到排出正常，各项参数达到正常值后，方可恢复钻进。

## 第二节　中浅层油层氮气钻井技术

上一节介绍的是深层气体钻井工艺技术，本节介绍以减少储层伤害提高产量为目的的中浅层氮气钻井技术。

## 一、大庆外围油田储层概况

大庆外围油田有 $126554×10^4$ t 探明储量未投入开发,占未动用储量的 94.17%,外围油田未动用储量主要分布在低丰度、低渗透率、低产量的"三低"油田之中。储层主要是扶杨油层和葡萄花油层,从不同渗透级别储层的储量构成看,渗透率小于 5mD 的扶杨油层和高台子油层占 62.7%,其中渗透率小于 1mD 的储量占 27%,埋藏深度大于 1900m 的储量占 56.75%。大庆油田已经把开发小油田作为可持续发展的重要支柱产业。

大庆外围油田具有储层砂体规模小、油层厚度薄、低孔隙度、低渗透率、低丰度、低产量的特点,自下而上有扶杨、高台子、葡萄花、萨尔图和黑帝庙油层等多套含油层位;断层分布密集,含油富集区分布零散;长垣西部地区油、气、水层分布复杂;海拉尔等外围盆地断块油藏具有储层岩性多、断块规模小、断块与裂缝性潜山多种类型油藏复合的特点。开发这类油藏投资大、成本高、开发的难度和风险大。

扶杨油层和葡萄花油层一般含黏土矿物较多,且多以伊利石为主,有的还有裂缝发育。从五敏评价结果看,一般属中等偏弱敏感性,油层渗透率越高,伤害程度越轻;油层渗透率越低,伤害程度越严重。在钻井、完井过程中易受到钻井液伤害,油层的伤害主要是入井流体的滤液伤害。

气体钻井没有滤液和固相进入储层,因而能够最大限度地去发现和保护"三低"油藏,提高单井产量。同时气体钻井还可以克服液柱的压持效应,提高破岩效率,解放钻速,缩短建井周期,减少钻井液对储层的浸泡时间,避免井漏、卡钻等复杂状况发生。

## 二、中浅层油层氮气钻井井身结构及钻井参数设计

根据所选区块的地质资料和工程资料,为了避免井塌、井漏、井斜等复杂情况的发生,对中浅层油层氮气钻井进行了井身结构、钻具组合、钻井参数的优化设计。

### (一)井身结构设计

中浅层油层氮气钻井井身结构设计见表4-1。

表4-1 井身结构设计表

| 开钻次序 | 钻头尺寸×完钻井深 | 套管尺寸×下入深度 |
|---|---|---|
| 导管 |  | $\phi$244.5mm×20m |
| 一开 | $\phi$215.9mm×钻入葡顶但不揭开油层 | $\phi$139.7mm×(完钻井深−0.5)m |
| 二开 | $\phi$118.0mm×氮气钻井 50m | 裸眼或 $\phi$88.9mm 筛管完井(段长 50m) |

注:(1)$\phi$215.9mm 井眼完钻井深,由采油厂地质大队人员根据岩性变化确定,保证钻入葡顶但不揭开油层;
(2)底部 6 根套管采用 P110 壁厚 7.72mm 的套管,以满足后期压裂改造的需要,采用可钻式浮箍、浮鞋和胶塞,浮箍、浮鞋之间连接 1 根 5m 短套管;
(3)$\phi$139.7mm 套管固井时钻井液返到嫩二段底,封固段长度最少不小于 200m,井口打帽子 60m;
(4)$\phi$139.7mm 套管固井时采用钻井液顶替,便于二开钻水泥塞施工;
(5)筛管完井方案的确定:当出油效果达到 5t/d,可以考虑使用可回收式筛管完井,否则进行裸眼完井。

### (二)二开井段钻具组合设计

二开井段钻具组合设计为:$\phi$118mm 牙轮×0.19m+$\phi$105mm(230×2A10)×0.26m+$\phi$105mm

箭型止回阀×0.72m+φ105mm 钻铤×54.81m+φ105mm（210×2A11）×0.19m+φ73mm 钻杆。

## （三）钻井参数设计

中浅层、油层氮气钻井参数设计见表 4-2 与表 4-3。

表 4-2 注气参数设计表

| 井下情况 | 钻井介质 | 设计机械钻速，m/h | 设计注气排量，m³/min |
|---|---|---|---|
| 正常钻进 | 氮气 | 30 | 50~60 |
| 井下出油 | | 25 | 50~80 |

表 4-3 应用计算的注入压力、井底压力、节点返速表

| 井下情况 | 井深 m | 钻井介质 | 机械钻速 m/h | 注气排量 m³/min | 注入压力 MPa | 井底压力 MPa | 节点气体返速 m/s |
|---|---|---|---|---|---|---|---|
| 正常 | 1480.00 | 氮气 | 30 | 50 | 2.20 | 1.65 | 8.32 |
|  |  |  |  | 60 | 2.60 | 1.97 | 8.49 |
| 出油 0.5m³/h | 1480.00 | 氮气 | 25 | 50 | 2.89 | 2.83 | 4.76 |
|  |  |  |  | 80 | 3.81 | 3.73 | 5.15 |

注：计算的岩屑尺寸直径为 3mm，厚度为 4mm。

（1）正常钻进时，注气排量 50m³/min，井深 1480.00m，其注气参数设计输出如图 4-2 所示。

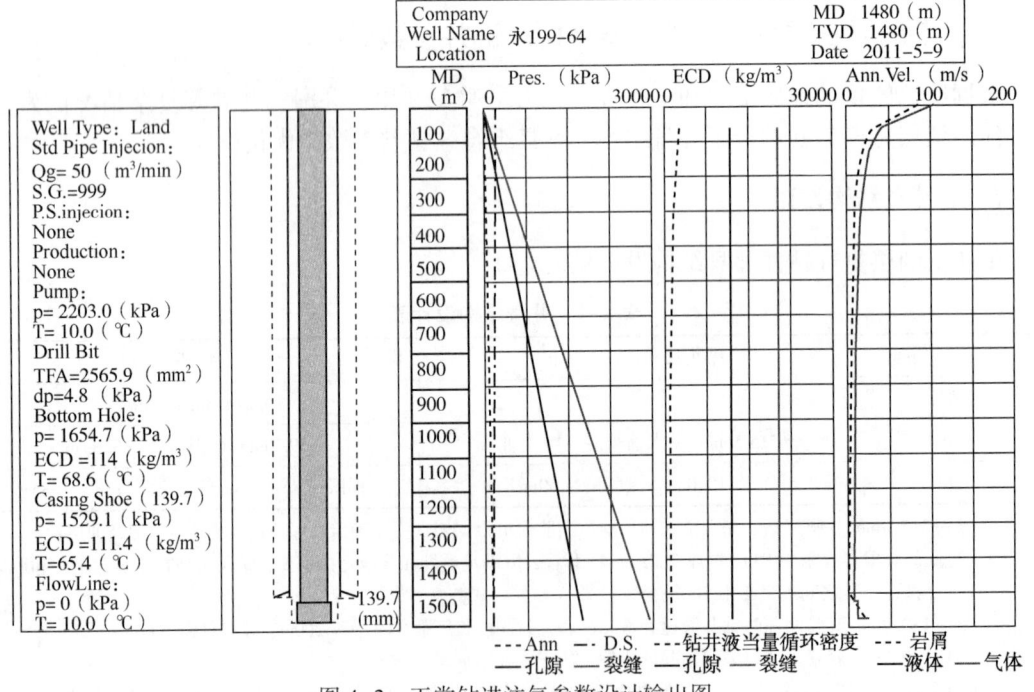

图 4-2 正常钻进注气参数设计输出图

（2）出油 0.5m³/h 时，注气量 80m³/min，井深 1480.00m，其注气参数设计输出如图 4-3 所示。

```
Company                          MD  1480 (m)
Well Name  永199-64                TVD 1480 (m)
Location                         Date 2011-5-1
```

Well Type: Land
Std Pipe Injecion:
Qg= 80 (m³/min)
S.G.=999
P.S.injecion:
None
Production:
Oil=8.7 (L/min)
Pump:
p=4254.1 (kPa)
T=10.0 (℃)
Drill Bit
TFA=2565.9 (mm²)
dp=5.1 (kPa)
Bottom Hole:
P=4188.2 (kPa)
ECD=288.4 (kg/m³)
T=68.6 (℃)
Casing Shoe (139.7)
p=3860.6 (kPa)
ECD=281.2 (kg/m³)
T=65.4 (℃)
FlowLine:
p=0 (kPa)
T=10.0 (℃)

—Ann  —D.S.  ——钻井液当量循环密度  ——岩屑
——孔隙  ——裂缝  ——孔隙  ——裂缝  ——液体  ——气体

图 4-3  出油 0.5m³/h 注气参数设计输出图

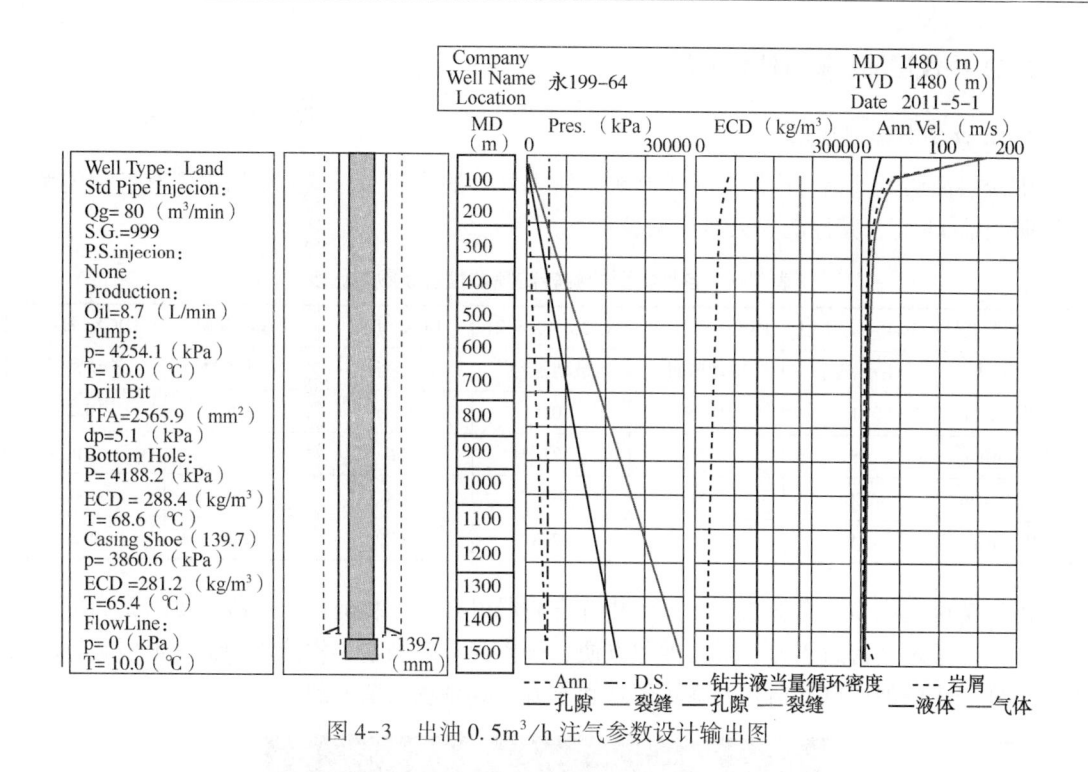

## 三、中浅层油层氮气钻井专用设备配套及工艺

### (一) 中浅层油层氮气钻井专用设备的配套

中浅层油层氮气钻井专用设备主要包括气体注入系统、井口安全控制系统、排屑系统。气体注入系统包括空压机、膜制氮、增压机及辅助设备。井口安全控制排屑系统由于使用的钻机底座低，不方便安装排砂管，因此利用节流管汇和防喷管线实现排屑。为了有利于排屑、减少对防喷管线的冲蚀、满足安全环保的要求，在靠近防喷管线出口端连接 30m 5½in 的套管。中浅层氮气钻井设备见表 4-4。

表 4-4  中浅层氮气钻井设备一览表

| 序号 | 名称 | 型号 | 数量 | 备注 |
|---|---|---|---|---|
| 1 | 空气压缩机 | Sullair 1500/350 | 5 台 | 排气量：40m³/min，排气压力：2.4MPa |
| 2 | 增压机 | knox western E3430 | 2 台 | 排气量：80m³/min，输出压力：15MPa |
| 3 | 膜制氮 | ND4240 | 3 台 | 排气量：40m³/min，排气压力：≥1.8MPa，氮气纯度：≥95% |
| 4 | 旋转防喷器系统 | DQX-Ⅲ | 1 套 | 动压：7MPa，静压：10.5MPa |
| 5 | 注气辅助系统 |  |  |  |
| 6 | 套管 | 5½in | 30 |  |
| 7 | 其他辅助设备 |  |  |  |

## (二) 中浅层油层氮气钻井工艺

### 1. 井口安全控制技术

中浅层油层氮气钻井应用旋转控制头来实现井口的旋转密封，大庆油田现有各种类型的旋转防喷器 11 套，其性能参数对比见表 4-5。

表 4-5 各种类型的旋转防喷器性能参数对比表

| 旋转防喷器型号 | Shaffer 高压型 | FX35-17.5/35 | XK35-10.5/21 | DQX-Ⅰ型 | DQX-Ⅱ型 | DQX-Ⅲ型 |
| --- | --- | --- | --- | --- | --- | --- |
| 密封方式 | 主动密封 | 被动密封 | 被动密封 | 组合密封 | 被动密封 | 被动密封 |
| 动压，MPa | 21 | 17.5 | 10.5 | 17.5 | 3.5 | 10.5 |
| 静压，MPa | 35 | 35 | 21 | 35 | 7 | 21 |
| 转速，r/min | 200 | 100 | 100 | 150 | 100 | 200 |
| 高度，mm | 1244 | 1764 | 1778 | 1679 | 1295 | 963 |

由于钻机底座净空高度 2.88m，在井口防喷器组合上安装旋转防喷器，要求其高度不能过高，同时考虑其密封压力、安装拆卸方便、操作简单等因素，优选出 DQX-Ⅲ型旋转防喷器来实现中浅层油层氮气钻井的旋转密封和导流，其现场安装如图 4-4 所示。

图 4-4 DQX-Ⅲ型旋转防喷器氮气钻井现场安装图

考虑到油层可能有伴生气，安装了点火装置。为防止防喷器失效伴生气通过井口泄漏和起下钻过程中井口返出天然气，在排砂管线处安装了自吸装置，通过该装置在井口产生吸力，降低井口天然气浓度，进而降低井口操作的风险。为方便观察返出气体和粉尘情况，在排砂管线处安装了观察口。氮气钻井井场布置如图 4-5 所示。

### 2. 岩屑及原油助返技术

在芳 180-斜 146 井氮气钻井钻进过程中始终无岩屑返出，钻至完钻井深循环 30min，排砂口依旧无岩屑返出，起出钻具发现钻具表面有油屑混合物附着在钻具外壁上（图 4-6），钻头泥包较重（图 4-7），水眼均被堵死，堵死物质为钻屑和原油的混合物，测井时遇阻，仪器粘油，分析是原油较黏稠，气体不能把钻屑和原油的混合物携带上来，因此开展了岩屑及原油助返技术研究。

图 4-5 氮气钻井井场布置图

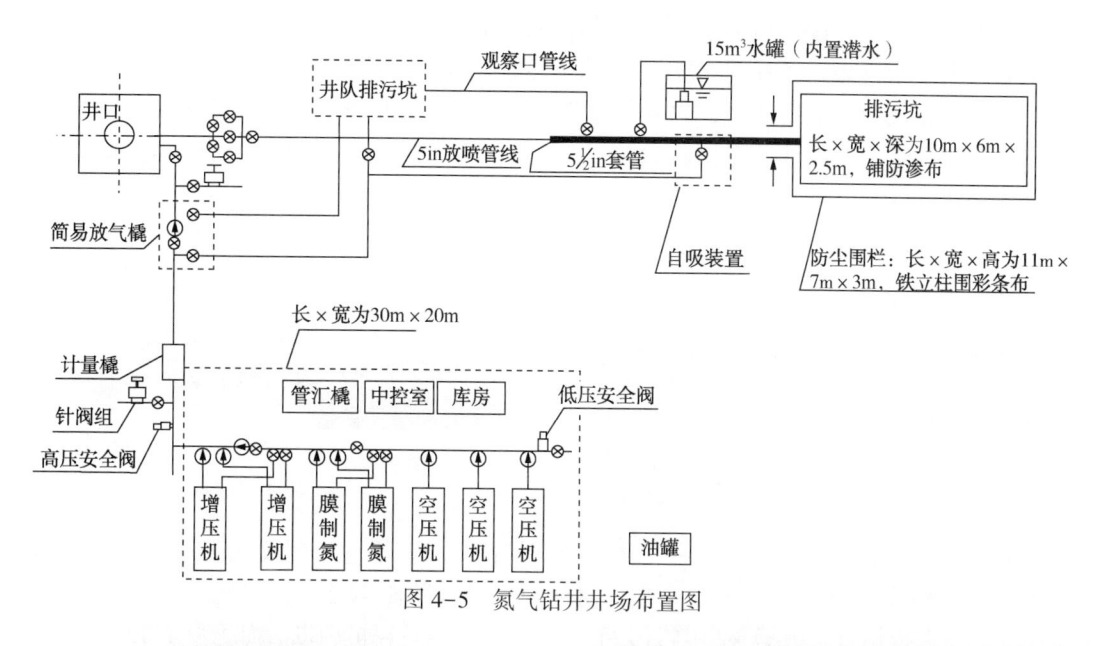

图 4-6 起出钻具外壁黏附情况

图 4-7 起出钻头泥包情况

其工艺措施是：每打完一个单根，划眼一遍，每次 5min，每钻进 2 个单根注入 0.3m³（6L/s）柴油，进行循环，钻进过程中扭矩平稳，返砂正常，排砂池返出部分原油、柴油混合物；完钻后注原油 4t，起钻 3 柱，注柴油 2m³，顺利下钻到井底。应用该技术施工 3 口井，稀释了井下原油，从而使原油很顺利地被循环到地面，解决了因地层出油而造成的不返屑和阻卡现象。

## 四、液压式丢手工具

为了充分保护油层，完井工艺优选筛管完井。筛管完井的关键是丢手工具，现有机械式筛管丢手工具存在中途易脱落、到底脱开成功率低、后期压裂及换筛管作业时难于打捞等问题，不能满足氮气完井要求，为此设计了液压式丢手工具。

液压式丢手工具由上接头、下接头、限位销、活塞、悬挂钢球、憋压钢球及挡板 7 部分组成，如图 4-8 所示。该工具在 5½in 套管内使用，本体最大外径 $\phi$118mm，工具通径 $\phi$70mm，工具长度 0.5m，脱开压力 3~4MPa，具有下钻牢固、可旋转钻具、到底易脱开等特点。该工具原理：上接头与下接头靠悬挂钢球进行连接，悬挂钢球通过活塞进行限位，同时活塞通过限位销固定；下钻到底后，投球憋压，憋压钢球在压力推动下下移，剪断限位销，活塞下行至挡板，上提钻具，悬挂钢球脱落，上下接头脱离，完成丢手作业。同时为了后期压裂及换筛管作业设计了专用的打捞工具，如图4-9所示，可以实现安全、快速打捞筛管作业。

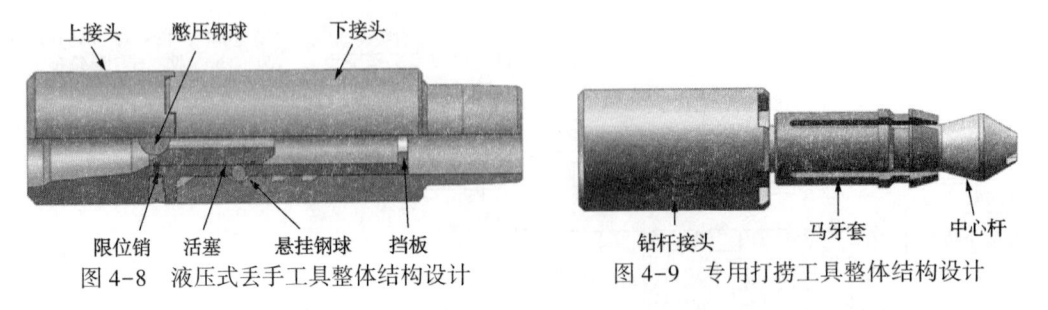

图 4-8 液压式丢手工具整体结构设计

图 4-9 专用打捞工具整体结构设计

筛管完井工艺流程：丢手工具上下接头分别与钻杆及筛管进行螺纹连接，下放到底，开泵注柴油建立循环；当环空通畅后停泵，向钻杆内投入憋压钢球，开泵憋压；当压力憋至3~4MPa时，上提钻具，根据泵压判断丢手工具内限位销是否被剪断，如泵压迅速下降，证明限位销被剪断，丢手工具上、下接头分离，活塞以及钢球均随上接头一同取出，完成筛管完井。丢手工具、打捞工具及使用后的活塞、上接头、憋压钢球实物图如图4-10与图4-11所示。

图 4-10 丢手工具、打捞工具

图 4-11 使用后的活塞、上接头、憋压钢球

完井管串工具组合：$\phi$118mm 丢手工具×0.5m+$\phi$88.9mm 油管×1 根+$\phi$88.9mm 筛管×3 根+$\phi$88.9mm 油管×2 根。

该工具在氮气完井上得到应用，现场应用过程中，上、下接头连接可靠，下钻过程可以转动管柱，脱开压力为3~4MPa，脱开后压力迅速下降，脱开现象明显，一次脱开成功率为100%，保证了全过程欠平衡氮气钻井成功作业，最大限度地保护了储层。

# 第五章 气体钻井配套装备及工具

## 第一节 气体钻井设备的组成

气体钻井配套设备是指在常规钻井设备基础上，需要额外增加的设备（表 5-1）。

表 5-1 气体钻井主要配套设备

| 序号 | 名 称 | 型 号 | 单位 | 数量 | 备 注 |
|---|---|---|---|---|---|
| 1 | 增压机 | Konxwestern/E3430 | 台 | 4 | 320m³ |
| 2 | 空压机 | Sullair 1500/350 | 台 | 8 | 320m³ |
| 3 | 制氮设备 | MD40 | 台 | 3 | 120m³ |
| 4 | 雾化泵 | 3S175-28.8/16 | 台 | 1 | 90～480L/min |
| 5 | 泡沫发生器 | KFP-2 | 台 | 1 | |
| 6 | 地面管汇系统 | 设备配套 | 套 | 2 | |
| 7 | 放压管汇系统 | 设备配套 | 套 | 2 | |
| 8 | 排砂管线 | 通径 178～220mm，长 120m | 套 | 2 | 含点火器 |
| 9 | 控制系统 | 设备配套 | 套 | 2 | |
| 10 | 注气系统数据采集 | 设备配套 | 套 | 2 | |
| 11 | 旋转控制头及井口流程 | XK35-10.5/21 | 套 | 3 | |
| 12 | 旋转总成 | XK35-10.5/21 配套 | 套 | 6 | |
| 13 | 胶芯 | φ127mm | 套 | | 按实际配备 |
| 14 | 多功能气体监测仪 | | 台 | 1 | |
| 15 | 六方钻杆及补心 | | 个 | 1 | |
| 16 | 强制箭形回压阀 | φ159mm、φ165mm | 个 | 各 4 | ≥70MPa |
| 17 | 测斜承托环 | | | 3 | |
| 18 | 降尘水泵 | 3kW | 个 | 2 | |
| 19 | 降尘水罐 | 20～30m³ | 个 | 1 | |
| 20 | 转换法兰 | 28～35 | 个 | 1 | ≥70MPa |
| 21 | 油罐 | ≥20m³ | 个 | 1 | |
| 22 | 斜坡钻杆 | 5in×18° | m | 1404 | |
| 23 | 立管转换接头 | 2⅞in | 个 | 1 | ≥20MPa |
| 24 | 甲烷（天然气）监测报警仪 | | 个 | 3 | 钻台和录井口 |

120～160m³/min 空气钻井设备配置为 4 台空压机、2 台增压机、高低压主管汇各 1 套，气量调节管汇 1 套，注气参数采集系统及其管汇 1 套，放压管汇 1 套，井口旋转防喷器及其液控系统 1 套，出口多功能参数监测系统 1 套及排砂管汇（含取样、除尘装置）1 套。如进行空气雾化、泡沫钻井，则还需增加包含储液罐在内的雾化系统 1 套。

80～120m³/min 氮气钻井设备配置为 8 台空压机、3 台膜制氮设备、2 台增压机、高低压主管汇各 1 套，气量调节管汇 1 套，注气参数采集系统及其管汇 1 套，放压管汇 1 套，井口旋转防喷器及其液控系统 1 套，出口多功能参数监测系统 1 套与排砂管汇（含取样、除尘装置）1 套。如进行氮气雾化、泡沫钻井，则还需增加包含储液罐在内的雾化系统 1 套。

气体钻井过程中,气举注入压力最高达 13~14MPa,干燥井眼钻进注气压力为 1.8~2.0MPa,空气/氮气雾化、泡沫钻进注气压力为 3~5MPa。注气压力随着井深的变化、机械钻速的不同以及井下潮湿干燥环境的差别而发生变化,可通过增减空压机、增压机的数量调整注气量和注气压力以及通过调整雾化液和气体的比例来实现雾化钻进或泡沫钻进。

## 第二节 设备的井场布置

气体钻井设备井场布置示意图如图 5-1 所示。

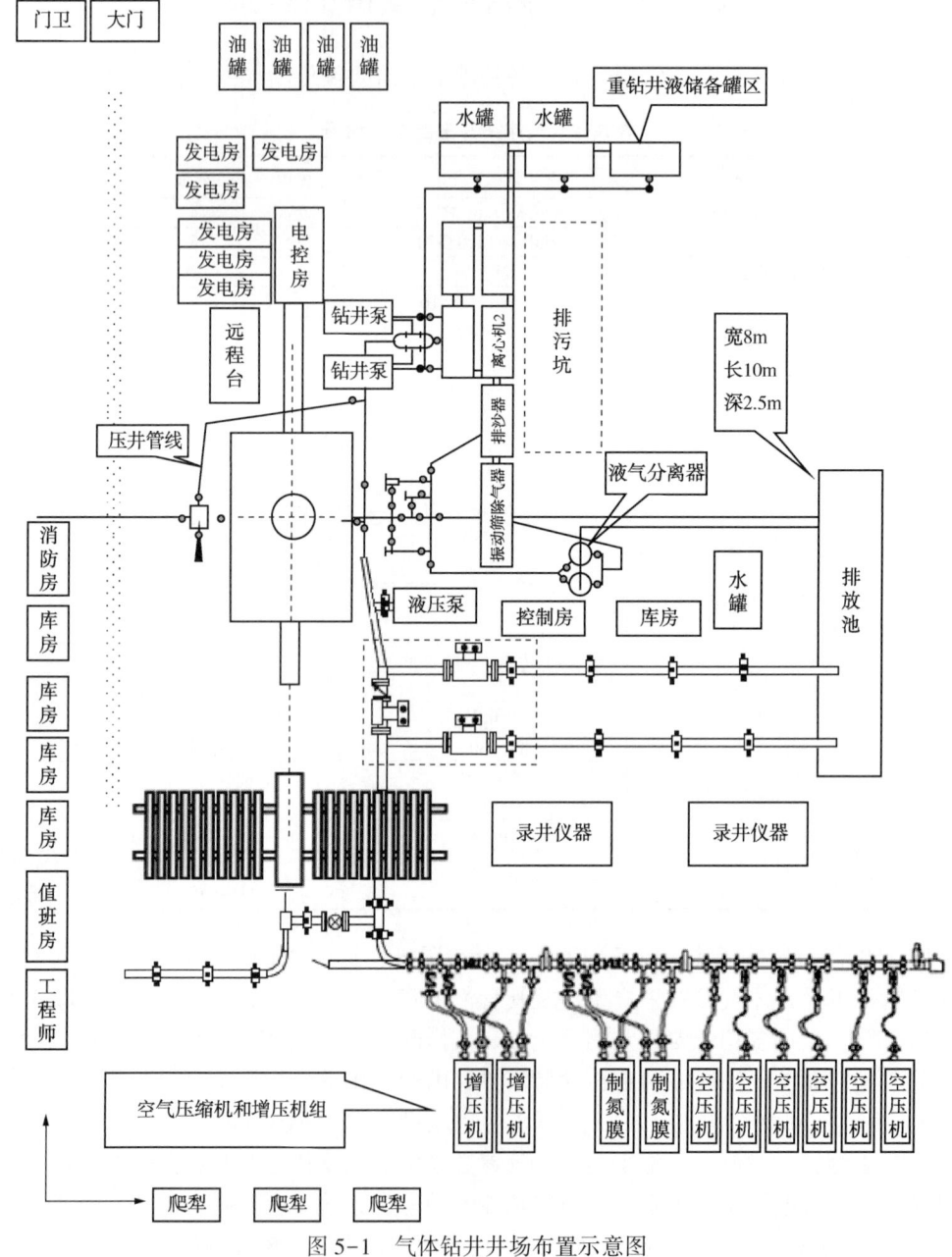

图 5-1 气体钻井井场布置示意图

## 第三节 供气设备

### 一、空气压缩机

供气设备就是空气压缩机，简称空压机，空压机在其所处的环境压力和温度条件下，吸入空气流量将气体压缩到一定的压力和温度。当气体钻井注气压力小于空压机额定输出压力时，可直接用空压机供气，空压机原理如图5-2所示。

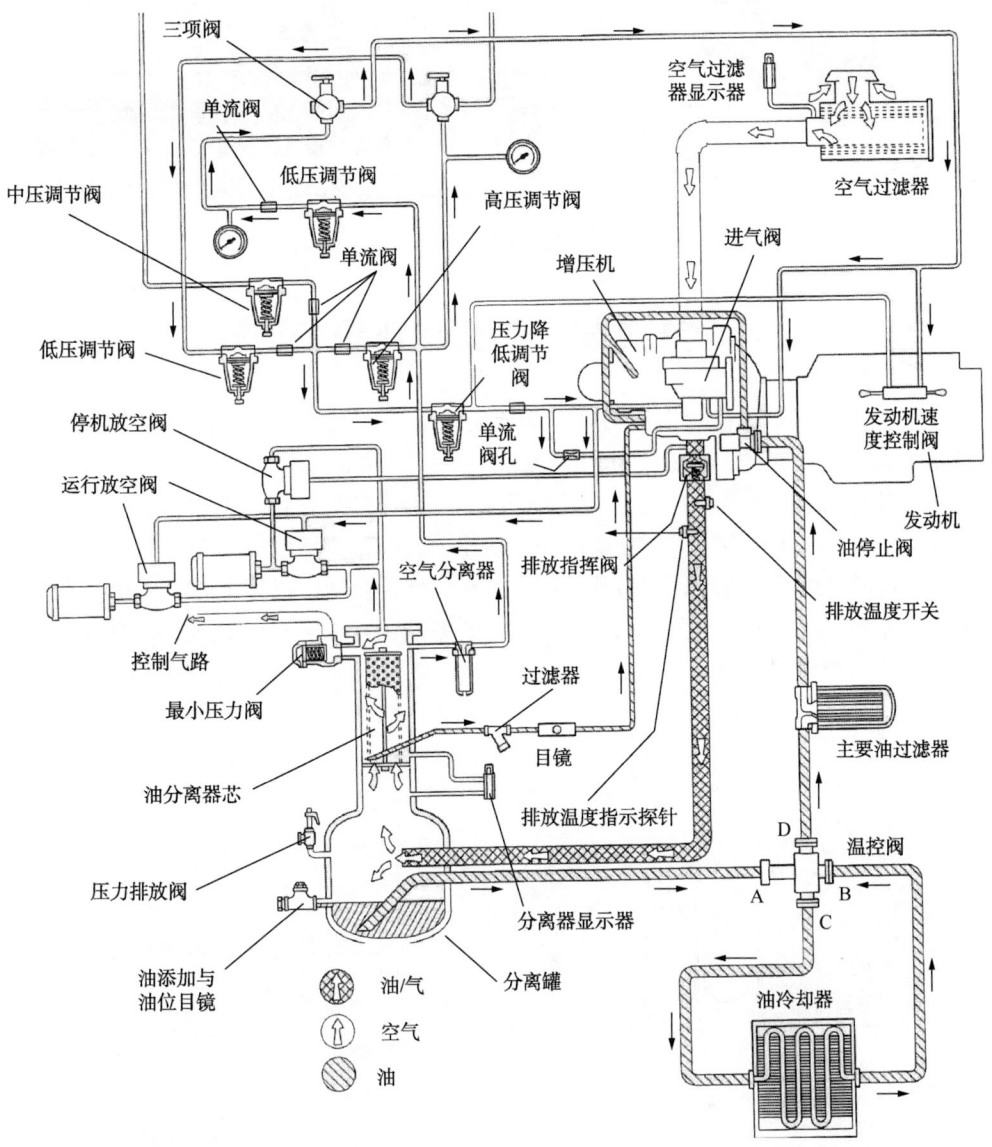

（1）设置压力调节为65psi（4.5bar）；
（2）压力调节器用于系统操作大于350psi（24.1bar）排气压力上，设置压力调节为在80psi（5.5bar）；
（3）设置低压调节阀为170psi（11.7bar）；
（4）设置中压调节阀在350psi（24.1bar）。

图5-2 空气压缩机结构原理图

## 二、膜制氮设备

应用氮气钻井时需要膜制氮设备，膜分离氮气是利用薄膜对不同的气体具有不同的选择性渗透和扩散的特性，使空气通过薄膜进行物理分离，达到获得氮气目的。空气中的氧气、二氧化碳、水蒸气等渗透速率"快"，由高压内侧纤维壁向低压外侧渗出，由膜组件一侧的开口排出；渗透速率小的"慢气"——氮气被富集在高压内侧，由膜组件的另一端排出，从而实现了氧-氮的分离，如图5-3所示。

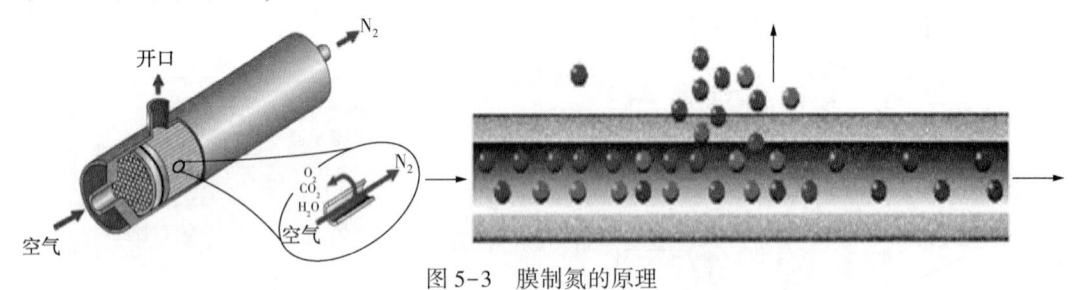

图5-3 膜制氮的原理

# 第四节 二次增压设备

当注气压力高于空压机额定压力时，需要启动增压机提高气体的输出压力。增压机的功能就是将来自于空压机的、具有一定压力和流量的空气进行进一步增压。

增压机具有两级冷却装置，可以将增压机吸入的空气以及排出的气体都冷却到预定的温度。来自空压机的气体是在进入增压机的第一级压缩之前，在增压机的冷却器中进行冷却，这样就不会导致增压机的一级增压因过热而损坏。相应地，从增压机排出的空气在进入立管之前也必须进行冷却，以免影响水龙带以及顶驱的密封系统，增压机原理如图5-4所示。

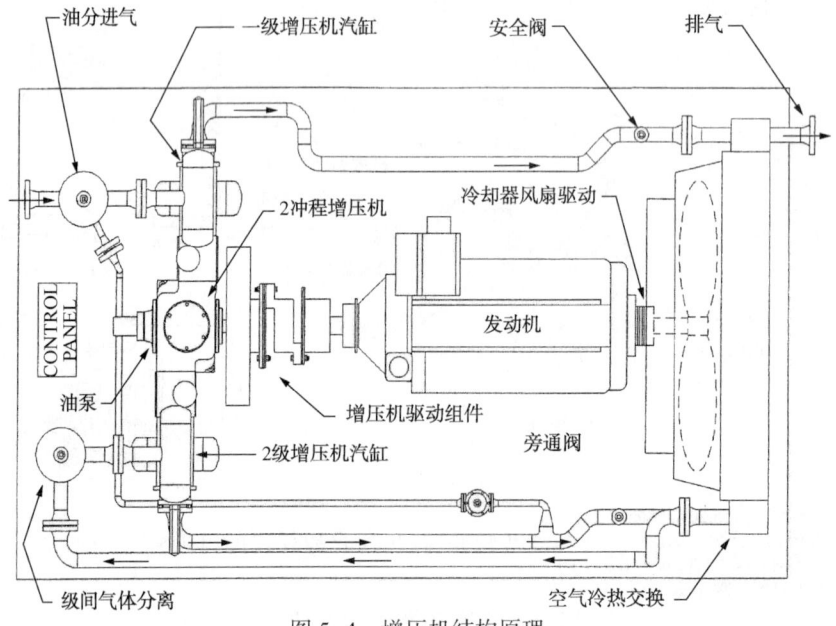

图5-4 增压机结构原理

## 第五节　供液设备

### 一、雾化泵工作原理

在雾化泡沫钻井中，雾化泵是将水、化学防腐剂及液体发泡剂等注入空气供应管汇内，其原理如图5-5所示。

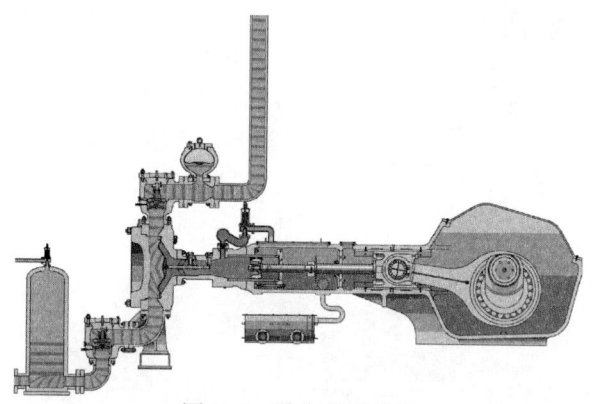

图5-5　雾化泵原理图

### 二、雾化泵进液管汇

雾化泵进液管汇外部尺寸为627mm×725mm×300mm，通径$\phi$80mm，与管线通径一致，压力级别1MPa，管线内壁做防腐处理。过滤器内滤子过滤孔$\phi$3mm，孔中心距5mm，孔数1000个，整个滤网的过流面积（7065mm$^2$）大于进液管线截面积（3215mm$^2$），保证雾化液流通顺畅。雾化泵进液管汇整体设计如图5-6所示。

图5-6　雾化泵进液管汇整体设计

雾化泵进液管汇由两条支路组成，每条支路有2个阀门及1个过滤器，考虑到阀门具有开关次数多、承压小的特点，优选了蝶阀作为支路开关，如图5-7所示。正常工作时，打

图 5-7 雾化泵进液管汇工作示意图

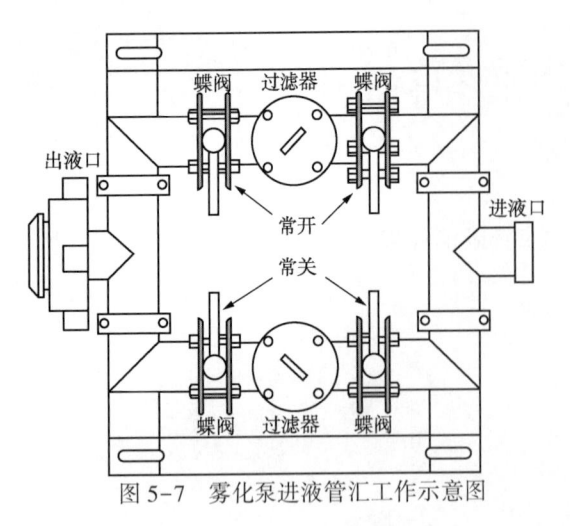

开一条支路，另外一条支路处于关闭状态随时待命，如果打开支路的过滤器需要清洗，则可以迅速转换支路，不影响供液。

### 三、出液管汇

出液管汇主要是解决雾化钻进过程中雾化泵调试及更换困难的问题，实现在不影响雾化钻井正常工作情况下简单快捷环保地进行雾化泵调试及更换雾化泵过滤器。设计的雾化泵出液管汇外部尺寸为 1000mm×1000mm×300mm，通径 50mm，与管线通径一致，压力级别 14MPa，管线内壁做防腐处理。其整体结构设计如图 5-8 所示。

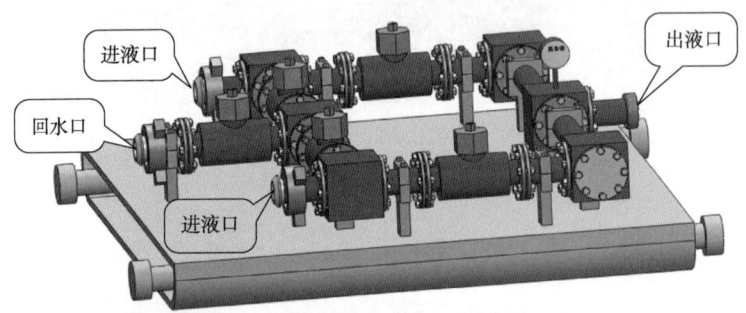

图 5-8 雾化泵出液管汇整体结构设计

出液管汇通过开关 5 个球阀来控制管路的更换，正常使用中确保一侧进液口与出液口连通，当出现问题时可更换为另一侧。如果在使用中需要维修或者更换雾化泵，可使雾化液走回水管路，在雾泵内形成自循环，不影响正常作业。出液管汇属于高压管汇，各路之间采用法兰连接，并在管路上安装仪表，对出口的流量和压力进行监测。雾化泵出液管汇工作示意图如图 5-9 所示。

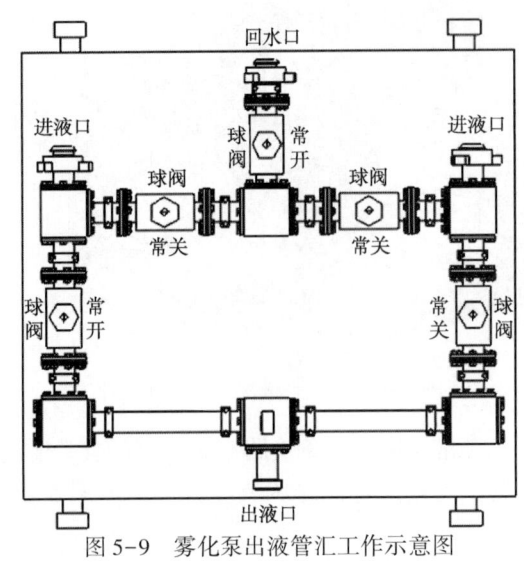

图 5-9 雾化泵出液管汇工作示意图

雾化泵进/出液管汇在雾化钻井使用过程中,有效地过滤了储液罐内杂质,避免了雾化泵损坏事故的发生,同时实现了雾化泵连续供液 8 天以上(雾化钻井时间 8 天),保证了雾化钻井安全钻进,达到了保护雾化泵、提高雾化钻井效率的目的。雾化泵进/出液管汇现场安装图如图 5-10 所示。

图 5-10 雾化泵进/出液管汇安装图

## 第六节 井口密封系统

### 一、旋转防喷器原理

气体钻井中旋转防喷器是实现井口密封、导流和储层安全钻进的重要设备。旋转防喷器将环空返出的气流与钻台之间分隔开来,并将上返出的流体和岩屑引向排砂管线。气体钻井可使用低压导引头代替欠平衡使用的旋转防喷器,旋转防喷器原理如图 5-11 所示。

(a)井口导向排碴/排气旋转头工作原理图　　(b)井口回转排碴头三维图

图 5-11 旋转防喷器原理

### 二、井口密封压力确定的依据

在气体钻井起下钻过程中,井筒通过排砂管线与地面连通,井口旋转控制头密封处压力 $p_b$ 可以看成排砂管线上的压耗,其方程可表示为

$$p_{\mathrm{b}} = \left[ \left( f_{\mathrm{b}} \frac{L_{\mathrm{b}}}{D_{\mathrm{b}}} + K_{\mathrm{t}} + \sum K_{\mathrm{v}} \right) \left( \frac{\omega_{\mathrm{g}}^2 R T_{\mathrm{r}}}{g A_{\mathrm{b}}^2 S_{\mathrm{g}}} \right) + p_{\mathrm{at}}^2 \right]^{0.5} \tag{5-1}$$

式中　$f_{\mathrm{b}}$——排砂管线的范宁摩阻系数，取 0.014；
　　　$L_{\mathrm{b}}$——排砂管线的长度，m；
　　　$D_{\mathrm{b}}$——排砂管线的内径，mm；
　　　$A_{\mathrm{b}}$——排砂管线内的横截面积，mm$^2$；
　　　$K_{\mathrm{t}}$——环空顶部三通的次要损耗系数，约为 25；
　　　$K_{\mathrm{v}}$——排砂管线阀的次要损耗系数，约为 0.2；
　　　$\omega_{\mathrm{g}}$——气体的质量流量，mg/s；
　　　$R$——API 标准状态下空气的气体常数；
　　　$T_{\mathrm{r}}$——环境温度，K；
　　　$g$——重力加速度，取 9.8N/kg；
　　　$S_{\mathrm{g}}$——气体相对密度；
　　　$p_{\mathrm{at}}$——井场空气实际大气压，取 0.1MPa。

对于内径为 160mm，长度为 80m 的 7in 排砂管，在环境温度下不同储层产气量与井口压力的关系如图 5-12 所示。

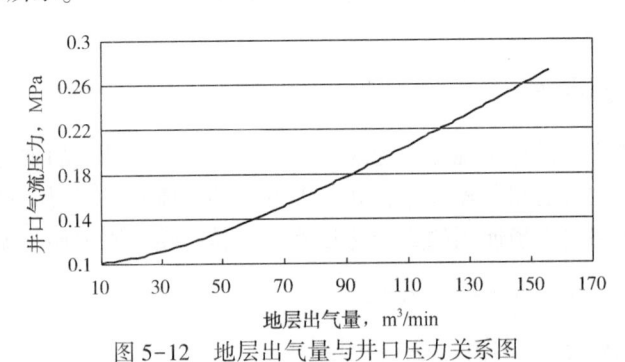

图 5-12　地层出气量与井口压力关系图

从图 5-12 可以看出，地层的出气量达到商业气流 27.8m³/min 时，在没有注入气量的情况下井口的压力为 0.109MPa，在注入气量为 80m³/min 的正常钻进过程中井口压力为 0.202MPa。

### 三、井口防喷器总成的改进与完善

在正常钻进过程中，由于排砂管线是与井口连通的，进入储层后井口的压力只有 0.202MPa 左右，所以总成的设计要求能过 $\phi$165mm 接箍、密封 $\phi$127mm 钻杆、密封压力大于 0.202MPa，大庆油田 11 套旋转防喷器都可以满足要求。

在起下钻过程中，出气量达到商业气流时井口压力为 0.109MPa，研发了能过 $\phi$214mm 稳定器，密封 $\phi$178mm、$\phi$165mm、$\phi$159mm 钻铤，密封压力大于 0.109MPa 的总成，实现了深层低压储气层的欠平衡起下钻作业。该设备是与 XK35-10.5/21 旋转防喷器壳体相配套的一个总成，其作用是气体钻井起下钻作业时，实现能够通过 $\phi$214mm 稳定器后对 $\phi$178mm、$\phi$165mm、$\phi$159mm 钻铤的密封，从而实现起下底部钻具组合时，对井内气流的密封和导流。

该装置内部主要含有 2 个特制胶芯，两个胶芯之间的距离在 700mm 以上，始终能保证一个胶芯密封钻铤。通过室内试验该胶芯胀缩范围为 $\phi152\sim\phi220$mm（参看第七章）。

## 四、旋转防喷器工作台

旋转防喷器工作台具有牢固、外形美观，同时便于安装、拆卸、运输等特点。该工作台由 4 块脚踏板、8 根护栏杆、16 块护栏板、8 套支撑架、8 块底挡片、调节梯及相应的连接件构成，护栏高 1000mm，脚踏板外径 2843mm，其结构如图 5-13 所示。

旋转防喷器工作台具体的安装过程如下：

（1）在环型防喷器上端盖上每隔 2 个螺母安装 1 个支撑架，支撑架与螺母之间靠套筒连接，共安装 8 套支撑架，摆正支撑架位置，使支撑架横杆反向延长线与环型防喷器圆心重合；

（2）安装支撑架底挡片，对支撑架进行限位；

（3）在地面把 4 块脚踏板用螺栓连接为一体，用钻台气动绞车吊至支撑架上方，用连接件把脚踏板总成与 8 套支撑架进行固定；

（4）根据脚踏板总成高度，确定分节梯数量，安装梯子，使用梯子上方挂钩与脚踏板总成进行固定；

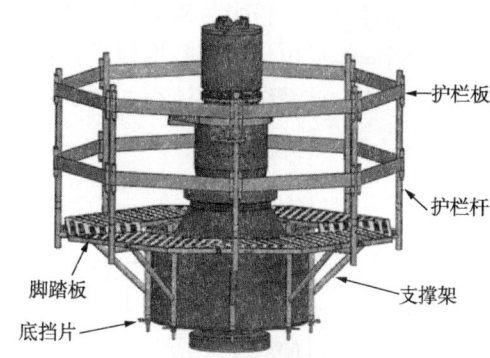

图 5-13 旋转防喷器工作台结构图

（5）安装旋转防喷器，待旋转防喷器安装好后，安装护栏杆及护栏总成，检查连接件安装是否牢靠，完成旋转防喷器工作台安装。

该工作台在气体钻井上得到应用，与安装脚手架由 7 人 6h 完成相比，安装工作台只需 3 人 0.5h 即可完成，大大地缩短了安装时间。整个工作台搭建完成后安全、稳固，和原工作台相比更加人性化和规格化，在使用过程中没有出现任何问题，工作台现场安装图如图 5-14 所示。

图 5-14 工作台安装图

## 第七节 地层出水出气燃爆监测系统

由于气体钻井技术存在空气钻井井下燃爆、地层出水泥包卡钻等一系列风险，工程异常预报显得尤为重要。发现异常及时预报可避免钻井事故，保障优质高效安全地钻井生产，这就必然需要具备实时监测地层出气、出水的功能，及时判断是否发生燃爆等情况。气体钻井监测系统对于保证气体钻井施工的安全非常重要。

## 一、系统工作原理及特点

气体钻井监测系统是通过在排砂管线上预装取样接口进行数据采集、监测，记录分析气体钻井过程中出口的 $CO_2$、$CO$、$O_2$、$CH_4$ 等成分的浓度变化，判断是否出气，有无燃爆及发生燃爆的可能，以保证气体钻井顺利进行；根据环境和排砂管线内湿度对比，判断地层是否出水；通过空气、粉尘、砂粒等对排砂管壁的振动以及湿度、温度、压力等诸多参数变化半定量分析固体返出量，判断携屑是否正常，便于判断井下情况、防止复杂事故发生；同时具备报警功能。该系统工艺流程如图 5-15 所示。

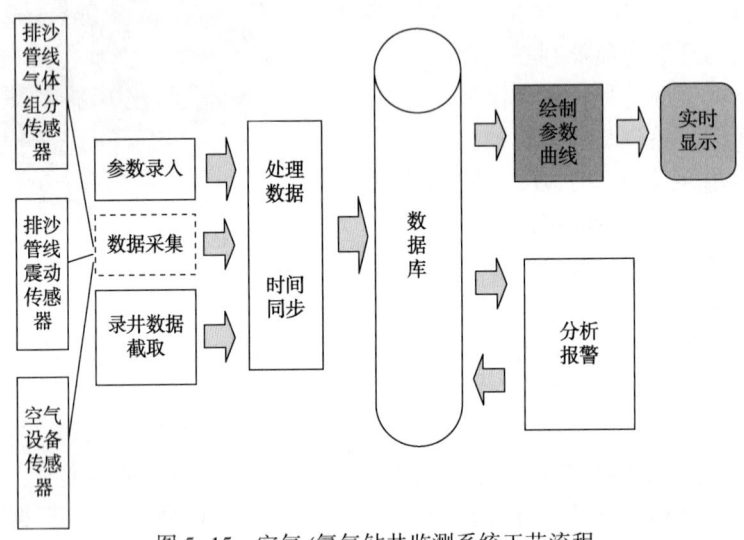

图 5-15 空气/氮气钻井监测系统工艺流程

气体钻井监测系统是一个包含许多软硬件设备的，以计算机为中心的系统。它包含采样及过滤系统、传感器系统、信号采集系统、辅助单元和计算机软件系统。

数据采集系统硬件包括计算机和数据采集模块两部分，设备高度集成，体积小。全部硬件没有任何调节开关，操作方便，维护简单。数据采集处理后进行计算机存储。所有传感器输入电压 24V，输出电流 4~20mA，采用两线制或三线制接线方式，接线方便，性能稳定，测量准确，故障率低。传感器总线采用先进的现场总线技术，一条总线直接连接到接线箱，减少了系统总线的数量，安装快捷方便，节省了安装时间。

## 二、系统结构

气体钻井数据采集及监控系统由下位机、上位机及视频信号远距离传输系统三部分组成，如图 5-16 所示。下位机执行数据采集功能，上位机执行显示、操作、报警、储存等功能。下位机采用的是德国西门子公司的 S7-200 PLC 控制器，PLC 控制系统软件采用 STEP 7 MicroWIN V4.0 SP6 版本编程，上位机采用的是 IBM ThinkPad T43 笔记本电脑，HMI 监控系统采用 WinCC V6.2 版本编程，下位机和上位机之间采用专用通信电缆进行通信。通过视频信号远距离传输技术实现钻台防爆显示器与中控室上位机实时同显。

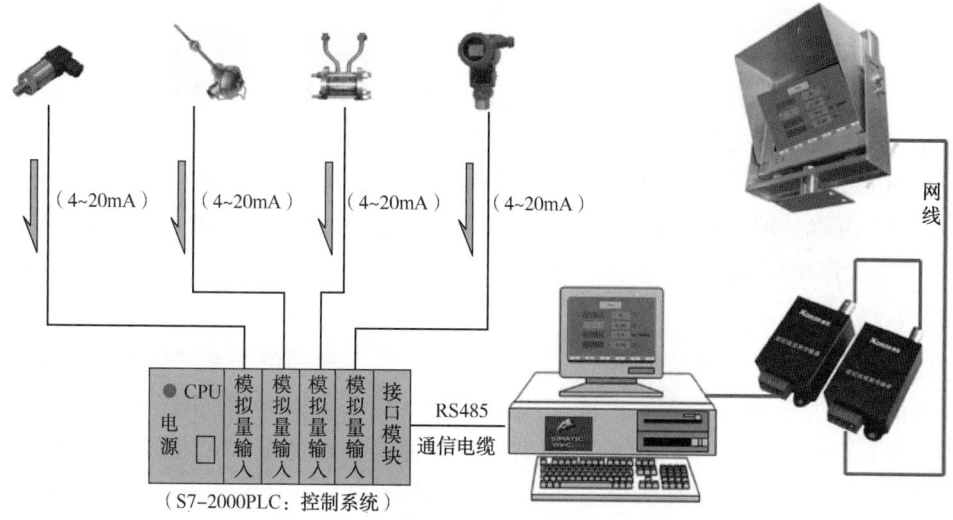

图 5-16 气体钻井数据采集及监控系统

### 三、传感器选择

监测系统的前端计量主要监测温度(℃)、湿度(%)、压力(MPa)、$CO_2$ 含量(%)、CO 含量(mg/L)、$O_2$ 含量(%)、$CH_4$ 含量(%)、$H_2S$ 含量(mg/L)等实时参数。传感器准确计量是系统监测的基础。系统前端计量采用高质量、高可靠性的传感器。传感器的选择主要考虑其测量范围、安装方式的限制、寿命、信号输出、统一的供电电压等诸多条件。

### 四、WinCC 软件

WinCC 软件是一个集成的人机界面(HMI)系统和监控管理系统,它是西门子公司在过程自动化领域中的先进技术和微软公司强大软件功能结合的产物。WinCC 是视窗控制中心(Windows Control Center)的简称,它包括图形设计器、报警记录、标记记录、报告设计器、全局脚本、控制中心、用户管理等功能,使其具有高性能的过程耦合、快速的画面更新及可靠的数据管理。

双击桌面上的 WinCC 图标,如图 5-17 所示,WinCC 启动,进入气体钻井数据采集及监控系统主画面,如图 5-18 所示。

图 5-17 WinCC 启动图标 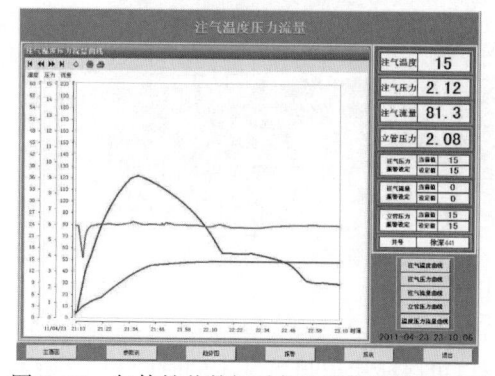　　图 5-18 气体钻井数据采集及监控系统主画面

## （一）软件界面

WinCC 程序是操作人员与 PLC 硬件之间的一个接口。该程序提供了操作窗口，从而实现了数据的实时显示、操作、报警、储存等功能。

当 WinCC 系统启动进入主画面后，画面最下面一行的工具栏上有一排按钮，用鼠标点击不同的按钮可以分别切换到不同的画面，包括主画面、参数表、趋势图、报警、报表等画面，从而进行不同的操作。

### 1. 主画面

主画面是本系统的主要操作平台，图文并茂，将多种功能集成于一体，可以实现参数显示、报警设置、井号输入、界面切换等功能，几乎可以完成所有的监控任务。其中参数的显示有两种方式：一种是数字形式；另一种是图形的形式。在同一个坐标中同时以图形的方式显示注气的温度、压力和流量变化情况，是本系统的一大亮点，如图 5-19 所示。

### 2. 参数表

参数表是主画面的补充，供操作人员选择使用。主画面由于内容多，空间有限，以数据形式显示的参数字体小，也没有标注计量单位，本画面将本系统所有被监控的参数以全屏幕的形式单独显示出来，方便操作人员记录和查阅，字体大、并标注了计量单位，适合远距离监控时使用。

### 3. 趋势图

本界面将本系统所有被监控的参数以曲线的形式全屏幕单独显示，如图 5-20 所示，帮助操作人员及时掌握注气参数的变化趋势，确保钻井的安全运行。时间窗口是 1h。本系统提供了一种功能，可以在系统运行过程中，随时抓图，将需要的图形画面以 pdf 文件格式或者是以 "Microsoft Office Document Imaging" 文件格式保存下来。

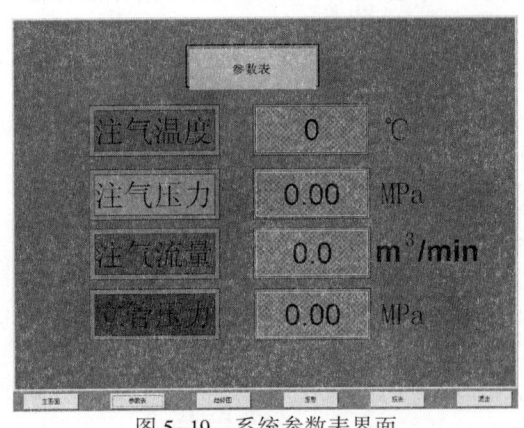

图 5-19　系统参数表界面

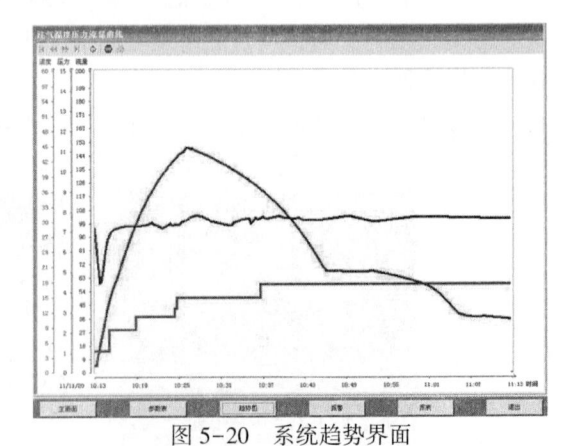

图 5-20　系统趋势界面

### 4. 报警

报警窗口可以显示出报警发生的时间和报警内容，如图 5-21 所示。通过此窗口还可以进行报警的确认操作，并且可以查询以往的报警记录。

## 5. 报表

报表窗口可以将本系统所有被监控的参数以列表的形式显示出来，如图 5-22 所示，并且可以查询以往的历史数据。

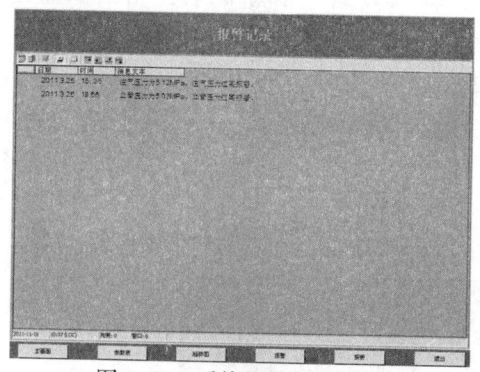

图 5-21 系统报警记录界面

图 5-22 系统数据报表界面

## 6. 系统退出

当需要退出本系统时，可以同时按下"Alt+L"键，会弹出如图 5-23 所示窗口，输入登录名和密码后，用鼠标点击"确定"按钮，然后再点击工具栏上的"退出"按钮，WinCC 控制系统将停止运行并退出，回到 Windows 操作系统桌面。

### （二）软件功能

1. 实时存储

可以实现注气参数以 Excel 电子图表格式实时存储在任意指定文件夹，可以以任意时间段进行数据回放，为气体钻井钻后进行数据分析提供准确、全面的数据，为气体钻井优化注气参数及钻后分析提供帮助。

图 5-23 系统退出口令窗口

2. 曲线分析

可以实现钻进过程中实时数据曲线生成，时间宽度 1min～1d，能够及时掌握注气参数变化趋势，判断井下携屑是否正常及井壁是否剥落，为气体钻井井下事故预防提供科学依据。

3. 压力/流量预警

在正常钻井过程中，注气压力根据现场情况设定报警上限值，注气流量设定报警下限值，当注气压力高于上限值或注气流量低于下限值时，系统会发出声音预警，同时记录每次报警案例，为控制人员及时发现注气参数异常提供了帮助，避免了人工监测持续性差导致的井下复杂的发生。

## 五、注意事项

（1）为了保证本控制系统的安全运行，防止误操作的发生，对部分操作进行了授权管理，没有经过授权的人员不能进行相关操作。如果没有经过授权的人员进行相关操作，系统会弹出如图 5-24 所示的提示窗口。

图 5-24 无授权提示窗口

而经过授权的人员在进行相关操作时，首先要同时按下"Alt+L"键，系统会弹出如图 5-23 所示窗口，输入登录名和密码后，用鼠标点击"确定"按钮，然后就可以进行相关操作了。

（2）本系统在运行时，不要再进行与本系统不相关的操作，更不要操作 excel 文件。

气体钻井全部应用该系统，运行稳定，数据真实可靠，实现了实时存储、回放、曲线分析、报警等功能，为及时、准确发现井下异常及钻后分析提供了指导。该系统现场应用如图 5-25 所示。

图 5-25 气体钻井数据采集及监控系统现场应用图

## 六、气体钻井监测系统完善

（1）采用进出口湿度同时监测并对比分析的方式，消除环境因素影响。

以往单独监测排砂管出口湿度，受环境湿度影响较大，如早晚天气变化对湿度影响大，降低了通过湿度判断地层出水的准确性。针对这一问题，采取了进出口湿度同时监测的方式，如图 5-26 与图 5-27 所示，即在注气管线端增加高压湿度监测装置，对进口气体湿度进行监测。同时完善了湿度监测软件，增加了入口湿度监测模块，实现进、出口湿度同时监测，通过进、出口湿度对比分析，判断地层是否出水。

图 5-26 进口湿度监测装置    图 5-27 出口湿度监测装置

（2）使用除尘装置实现出口湿度持续环保监测。

以往排砂管出口湿度传感器与排砂管距离较远，同时采取闭环监测，监测过程中，岩屑易堵塞气体通道，使监测的湿度值失真，不能及时发现地层出水。针对这一问题，优化了气路，使湿度传感器更接近排砂管，同时增加了降尘装置，使含屑气体流经湿度传感器后进入降尘装置，经降尘装置过滤后，排放到大气中，实现出口湿度环保、持续监测，大大提高了监测的及时性及准确性。原降尘装置与改进后的降尘装置分别如图 5-28 与图 5-29 所示。

图 5-28　原降尘装置

图 5-29　改进后的降尘装置

（3）使用饱和盐水降尘干燥装置，实现出水后气体成分准确监测。

过滤干燥装置由过滤装置及干燥装置两部分组成（图 5-30）：干燥装置内装有饱和盐水，保证不会与气样发生化学反应及气样溶解于水；干燥装置内放有干燥剂，保证进入传感器内的气样是干燥的，避免损坏传感器。

（4）优化监测集成箱整体结构，实现美观、安全。

优选了不防爆、价格低、尺寸小的传感器，从而优化了箱体尺寸，使箱体尺寸由原来的 600mm×500mm×300mm 减小到 400mm×300mm×200mm，同时对箱体进行了防爆处理，更好满足气体钻井安全钻井要求。原监测集成箱与改造后的监测集成箱现场安装图分别如图 5-31 与图 5-32 所示。

图 5-30　气样降尘及干燥装置

图 5-31　原监测集成箱

图 5-32　改造后的监测集成箱

完善后的气体钻井监测系统在气体钻井现场应用，成分监测频率为30s，比录井色谱监测频率缩短60s，监测成功率100%，存储率100%，在使用过程中及时发现了地层出水，为调整钻井方案及制定下步施工措施提供了依据。出口气体成分与进出口相对湿度监测曲线实例如图5-33与图5-34所示。

图5-33 出口气体成分监测曲线实例

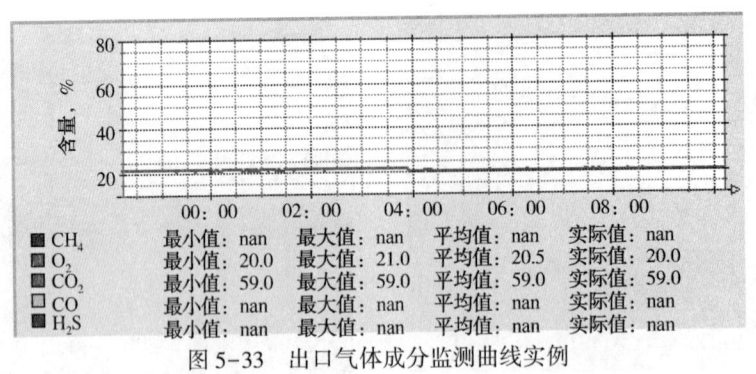

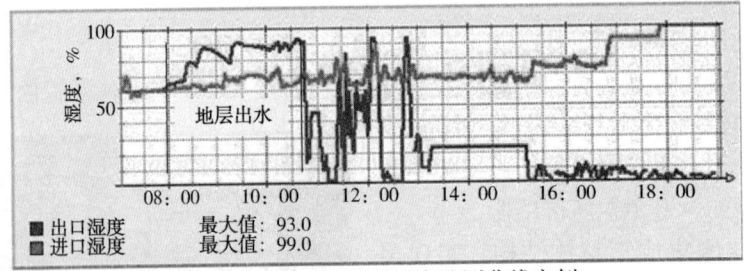

图5-34 进出口相对湿度监测曲线实例

## 第八节 井下工具

### 一、钻具单流阀

钻具单流阀包括钻杆单流阀和钻铤单流阀。气体钻井时用于清洁井眼的流体为可压缩流体，在接单根和进行其他作业需要卸开方钻杆（或顶驱）时，如果没有钻杆单流阀，钻具内的压缩气体就会从钻杆内喷出；同时过长的气体放压时间也耽误了钻井作业。钻杆单流阀的作用就是在方钻杆（或顶驱）被卸开时用于阻止钻具内的压缩流体释放。

钻杆单流阀的安放位置随着井深的不同而不同，其基本安放原则是：气体钻井开钻前将钻具下放至井底后安放第一只钻杆单流阀，钻杆单流阀需配合旋塞，随后每钻进200~300m加装钻杆单流阀一只。

当换钻头或进行其他井下作业需要进行起下钻时，钻杆单流阀将会和钻具一起被起至钻台面。正常情况下随着起钻前的准备和起钻的进行，作用于钻杆单流阀上高压气体会自行经气体排出管线释放，不会影响到起钻作业的正常进行。

钻铤单流阀和钻杆单流阀都具有使流体单向流动的功能，在气体钻井中它们的用途都是阻止空气倒流。

钻铤单流阀的作用就是在钻具内压力释放时，短时间内快速隔离钻具和环空，阻止环空中的气流和岩屑倒流至钻具内部以避免造成钻井事故。

## 二、空气锤

空气锤可以提高钻井速度，其原理如图 5-35 所示。空气锤不同于传统工艺中的切削与研磨碎岩的方式，而是使用冲击的方式，使岩石成体积破碎，使其在坚硬地层中的钻进效率大大提高。空气锤的钻进技术具有以下几个特点：

（1）空气锤钻进速度是普通钻头的 3~10 倍；

（2）空气锤采用柱齿或球齿硬质合金，比普通钻头寿命高，使钻头成本大大降低；

（3）和普通钻头钻进相比，空气锤钻进所需的钻压和转速要小很多，这使得相关设备使用的负荷大大减轻。

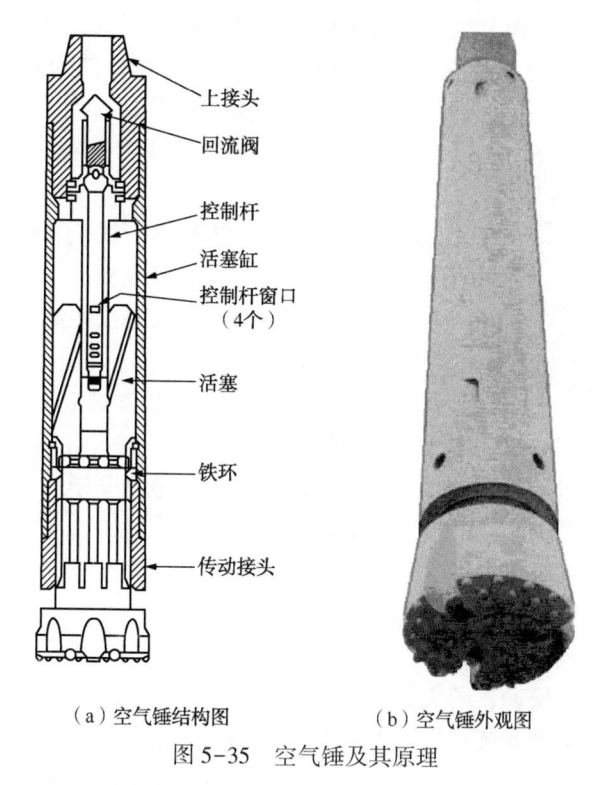

（a）空气锤结构图　　（b）空气锤外观图

图 5-35　空气锤及其原理

## 第九节　其他配套装备

### 一、高低压管汇

整套气体钻井设备系统中有多种尺寸的高低压管汇，用于空压机及增压机与立管之间的连接，气体钻井设备内部压力的释放，安全泄压部分、钻具内流体的释放，环空内流体的排放等。高低压管汇尺寸的确定遵循 API 标准，根据整个气体钻井设备系统的最大供气量和提供的最大压力进行选择。

## 二、排砂管汇

### (一) 排砂管汇作用

排砂管汇是用来将环空中的流体和岩屑排放到排砂池内。排砂管线需确保有足够的长度,以避免排放的气体、液体和岩屑影响井场的其他作业,长度一般为30~100m。这里特别应该高度重视的是:排砂管线从与旋转防喷器的连接处开始到出口末端应该尽量保持成一条直线,并且牢固地固定在地面支撑座上。排砂管线上配有自动点火系统、自动除尘喷水系统和地质采样系统。

### (二) 排砂管线简易固定基础

该基础由上端盖、调节箱、底板、连接杆、地锚五部分组成,如图5-36所示,质量可调范围为0.4~0.6t,高度可调范围为300~900mm,角度可调范围为0~45°。

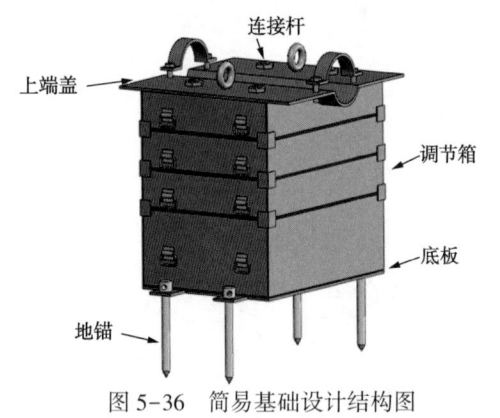

具体安装过程如下:

(1) 根据排砂管线实际安装高度确定调节箱数量;

(2) 根据排砂管线位置确定底板安装位置,在排砂管线下方摆正底板;

(3) 根据简易基础距离井口位置,确定调节箱内灌入沙量;

(4) 在底板上方螺纹处安装连接杆,安装调节箱;

(5) 安装调节箱完毕后,安装上端盖,拧紧上端盖连接螺母;

图5-36 简易基础设计结构图

(6) 根据排砂管角度确定上端盖卡瓦安装角度;

(7) 在排砂管线上垫好橡胶条,固定卡瓦;

(8) 在底板处安装地锚4个;

(9) 检查连接件是否松动,若无松动,安装完毕。

排砂管线简易固定基础安装现场图如图5-37所示。

图5-37 简易基础安装图

该简易固定基础在气体钻井上得到应用,排砂管线固定时间平均2h,与以往排砂管线安装相比节约安装时间22h,提高了气体钻井效率。

### (三)排砂管线防损三通

排砂管防损三通在气体钻井过程中极易刺漏,刺漏后主要采取充分循环短起后现场补焊的方式解决。如产层钻进或出水层钻进过程中刺漏,处理不当,会增加气体钻井发生复杂事故的概率,或者导致气体钻井失败,一定程度上影响了气体钻井的效率。

1. 排砂管防损三通整体结构设计

在保证通径及角度不变的前提下,壁厚设计由原来8mm增大至16mm,同时法兰与三通本体一体化铸造,法兰设计8孔圆弧孔方式,实现可调角度22.5°,便于与排砂管直管线12孔法兰现场连接。排砂管防损三通整体设计及连接法兰结构设计分别如图5-38与图5-39所示。

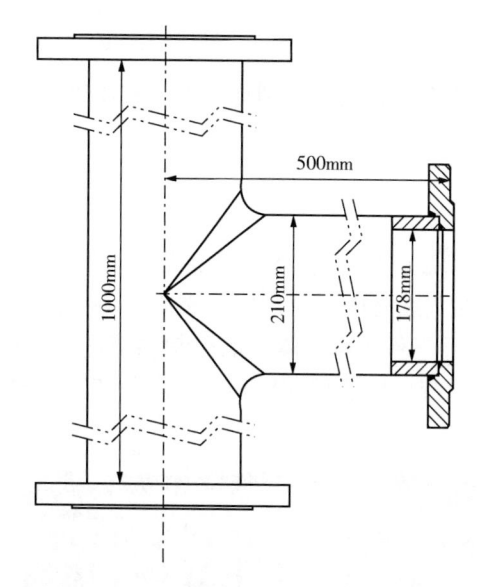

图5-38 排砂管防损三通整体结构设计

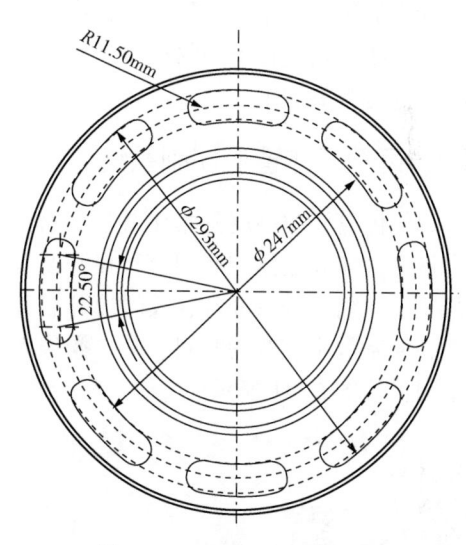

图5-39 连接法兰结构设计

2. 耐磨材质优选

经过调研,对耐磨材质进行了对比和分析,最终优选Mn13作为排砂管弯头/三通材质。Mn13是高锰耐磨钢,具有两大特点:

(1)外来冲击越大,其自身表层耐磨性越高;
(2)随着表面硬化层的逐渐磨损,新的硬化层会连续不断形成。

排砂管防损三通在气体钻井中进行了现场应用,其现场安装如图5-40所示,实现了单井破损率为零,杜绝了因排砂管三通刺漏引起的无效等停时间,平均钻中无效等停时间减少6.17h,进一步提高了气体钻井效率。

## 三、放压管汇及控制系统

放压管线用来释放立管、方钻杆(顶驱)和钻杆与钻柱单流阀之间的压力,它可以将存

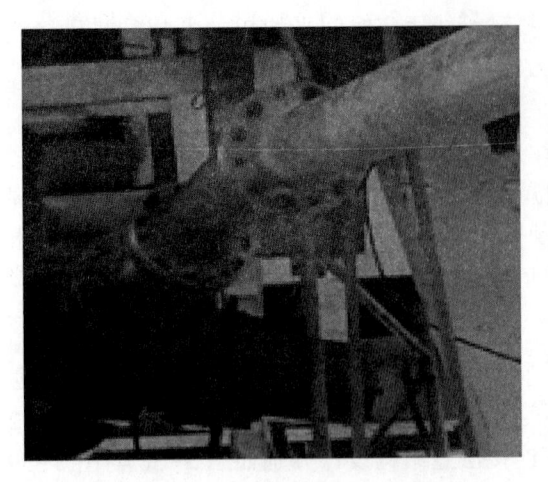

图 5-40　防损三通安装图

在于钻柱内的压力直接排放到放压管线中。

放压管线必须进行牢固的连接,而且必须使用安全缆将其固定到地面上。放压管线的出口端必须进行可靠固定。

### 四、远程气体管汇控制系统

远程气体管汇控制就是集中控制气体钻井时需要经常开启和关闭的控制阀。气体钻井时,大量的气体和液体控制阀分布在井场近 100m 的范围之内,而这些控制阀又将根据不同的钻井要求,需要进行经常、及时地开启和关闭。用一套远程气体管汇控制系统进行控制,可以提高控制效率、节约时间、减少操作人员。该系统可以远程开启和关闭设备和立管的放气控制阀,如图 5-41 所示。

（a）放压管线 　　　　　　　　　　（b）远程控制台

图 5-41　放压管线和远程控制台

### 五、气体参数记录仪

气体参数记录仪可以 24h 连续、准确、及时地记录所注入井内气体的流量和压力。

## 六、除尘装置

气体钻井返出的气体和粉尘混合流体，如果不经过处理直接排入大气，会形成很严重的粉尘环境污染，对设备运行和人员及附近居民健康造成影响。因此气体钻井时，必须使用除尘装置，这样可以大大减少粉尘对气体钻井设备的影响，以及对人体健康、环境的伤害和污染。

除尘装置是用水泵将水直接输送到排砂管内部，并喷洒入环空返出的空气和粉尘流体中，大部分粉尘遇水粘结成大团块，这样即可减少排放管的粉尘造成的环境污染。

降尘短节由外筒、内筒、进液口、清洗口、连接法兰五部分组成，如图 5-42 所示，内筒直径 $\phi178mm/\phi164mm$、外筒直径 $\phi244mm/\phi224mm$、长度 1.2m，内筒螺旋式分布 84 个降尘喷射口，孔径 $\phi4mm$，利用流体力学进行计算，喷射口水流速可达 10~15m/s，其流速计算图实例如图 5-43 所示，可以实现全方位与返出流体混合，提高降尘效率。

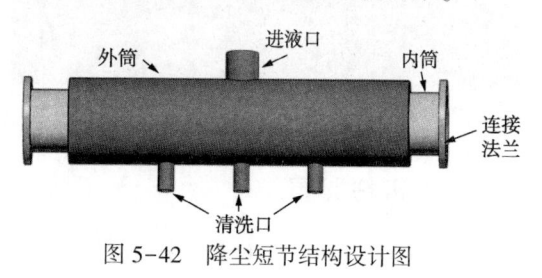

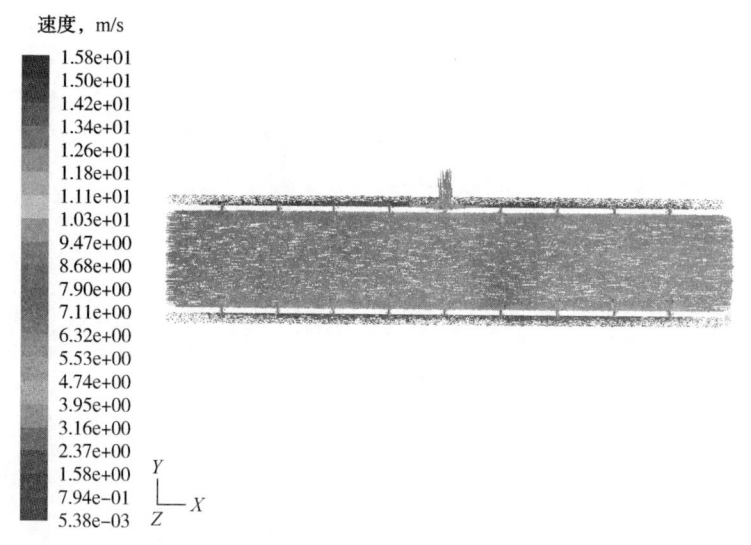

图 5-42 降尘短节结构设计图

图 5-43 降尘短节喷射口流速计算图

降尘短节装置安装在排砂管线上距离沉砂池 10~20m 处，降尘泵为该装置提供水流动力，沉砂池内水利用降尘泵通过进液口进入内外筒环形空间，在环形空间内，水流被内筒降尘喷射口分散成 84 条高速水雾均匀进入内筒，与排砂管线内粉尘充分碰撞并迅速粘连，最后被高速气体携带至沉砂池。清洗口在钻井过程中处于关闭状态，主要用途是定期用来清洗内外筒环型空间内的余留粉尘。

该短节在气体钻井上得到应用，排砂管线出口基本无粉尘，降尘效果良好，减少了粉尘的环境污染。降尘短节现场连接图及排砂管线出口状态图分别如图 5-44 与图 5-45 所示。

图 5-44　降尘短节现场连接图　　　　图 5-45　排砂管线出口状态图

## 七、取样装置

在排砂管线内部，设计一同取样短节相同角度的挡板，固相在流动过程中被挡住或流速降低并沿挡板下滑，被收集到短节内。收集岩屑时打开闸门，岩屑靠重力及气流的推力排出来，岩屑收集完关闭闸门。

# 第六章　气体钻井地层出水安全钻进技术

## 第一节　气体钻井条件下地层出水判别方法

气体钻井出水如果不能及时发现，可能造成卡钻等钻进事故。因此及时发现地层出水非常关键。气体钻井中井眼进水可以通过监测湿度直接判断，也能够通过岩屑湿度变化和返出量变化判断，还可以通过工程参数的变化间接判断。

（1）根据返出气体和岩屑湿度变化判断地层出水。

如果井眼进水，返出的气体和岩屑湿度会有变化。在 XS213 井空气钻井井段施工中，先后监测到四次湿度异常，岩屑潮湿，出口有水滴，在钻进过程中钻遇两个较小水层，由于连续钻进注气量充足，井眼能够保持干燥，在起下钻过程中需要较长时间，井筒内积累了较大量的水，影响了空气钻井施工。如图 6-1 所示为 XS213 井地层出水后排砂管线湿度的监测结果。

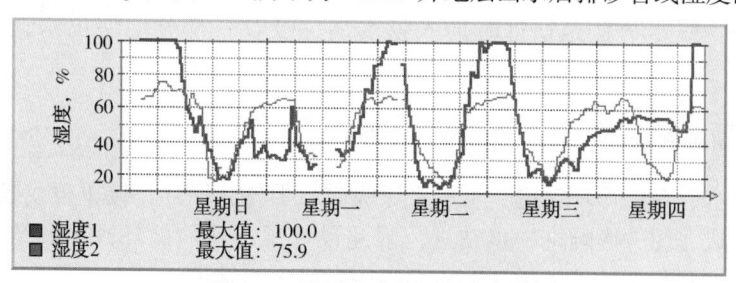

图 6-1　地层出水前后湿度变化

（2）根据返出粉尘量判断地层出水。

井眼进水后，井下持续钻进，由于粉尘遇水黏结在一起，可以粘在井壁上，也可以附着在钻具上，地面返出的粉尘会明显减少，甚至完全不返粉尘。

（3）根据工程参数变化判断地层出水。

井眼进水后由于井眼不通畅造成扭矩增加，如图 6-2 与图 6-3 所示注气压力增加，钻具活动遇阻卡都是形成滤饼环的征兆。

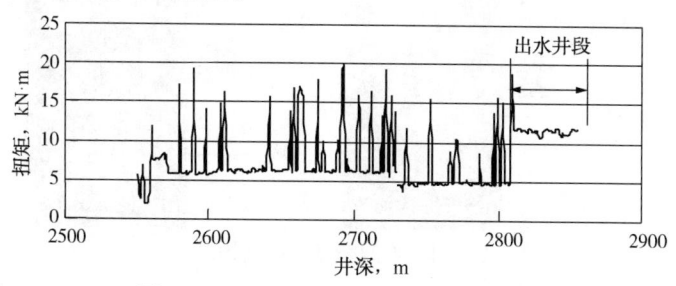

图 6-2　XS21 井地层出水前后扭矩变化

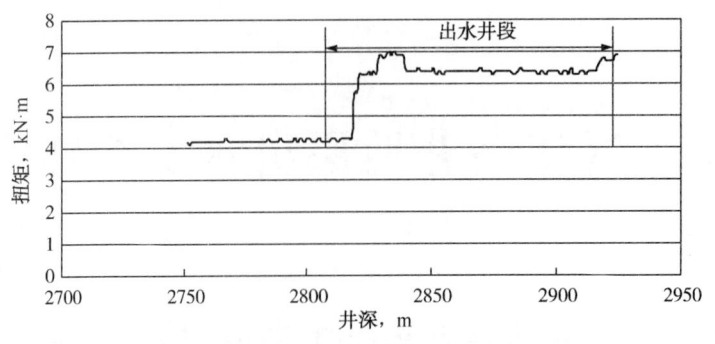

图 6-3　XS29 井地层出水前后扭矩变化

# 第二节　微量出水钻进技术

地层微量出水，第一种情况，正常循环可以正常钻进，循环气体可以吸收地层出水，只增加湿度，不形成泥团，不影响钻进，可继续钻进；第二种情况，出现水滴，可形成泥团，不能继续钻进，可暂时停止钻进，进行干燥，经过一段时间后，出水减少，再正常钻进。以上两种情况停止循环时，即接单根或起下钻时，出水就积累与岩屑混成泥团，可能影响进一步钻进，因此设计了不间断循环阀，实现接单根和起下钻正常循环。解决微量出水问题的另一个方法是钻进时加入吸水剂，吸收一部分地层出水，从而解决微量出水钻进问题。

## 一、不间断循环技术

地层少量出水，正常循环钻进，可以干燥吸收，但停止循环，接单根或起下钻时，出水就积累与岩屑混成泥团，影响进一步钻进，因此设计了不间断循环阀，其结构如图 6-4 所示，以实现接单根和起下钻正常循环，从而解决微量出水钻进问题。

不间断循环阀利用在钻柱上加装轴侧双向阀循环短节，通过控制系统来变换气体流向，在井口正常操作下实现接单根或起下钻卸扣期间的连续循环。不间断循环阀管汇结构图如图 6-5 所示。

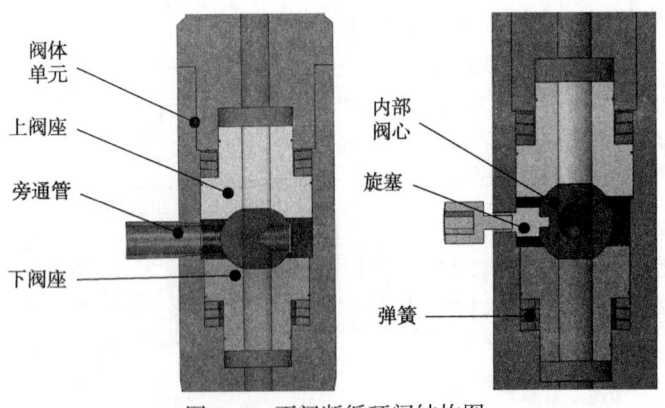

图 6-4　不间断循环阀结构图

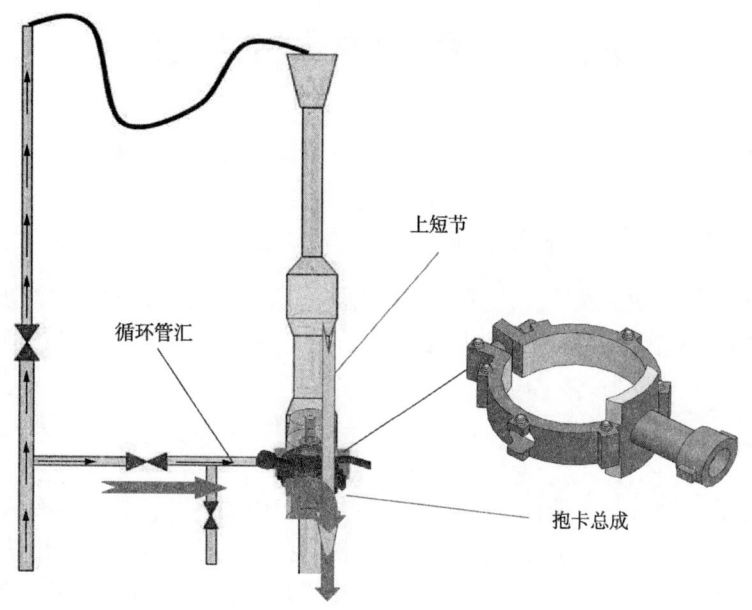

图 6-5　不间断循环阀管汇图

## 二、吸水剂吸水钻进技术

吸水剂是含有极性基团并具有三维交联网络结构的高分子材料。吸水前，高分子网络是固态网束，极性基团固定在高分子链上，未电离成离子对，如图 6-6 所示。吸水后，极性基团电离成电子对，形成束缚水，如图 6-7 所示。吸水原理如图 6-8 所示。

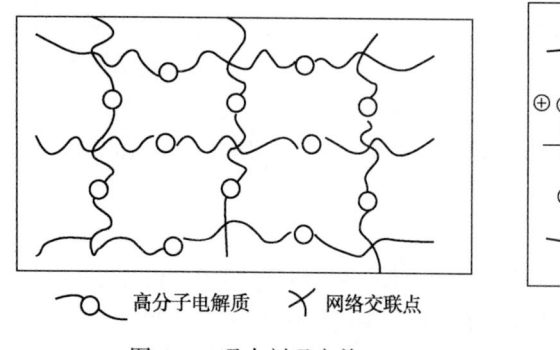

图 6-6　吸水剂吸水前

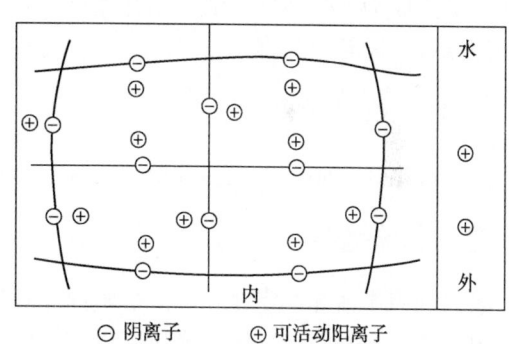

图 6-7　吸水剂吸水后

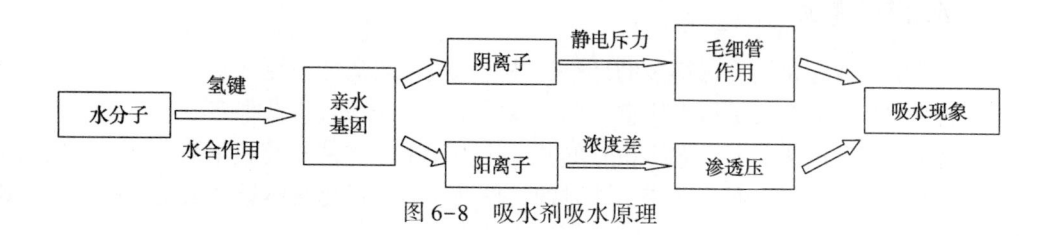

图 6-8　吸水剂吸水原理

# 第三节 雾化/泡沫钻井技术

## 一、雾化钻井

### (一) 纯气钻井转化为雾化钻井条件

当出现返出岩屑量明显减少、注气压力有增加的趋势、扭矩有波动、湿度增大等情况，停钻干燥效果也不明显，即可判断地层已出水，纯气钻井已经难于继续，可转换为雾化钻井。

### (二) 雾化和泡沫比较

(1) 雾化钻井只是气体和液体混合两相流钻井技术中的一种，其他气液两相流钻井还包括泡沫钻井和充气钻井。由于雾化钻井中的液滴是单独存在的，因此，雾化钻井中的液相是不连续；泡沫是连续的液相形成一个封闭的膜，将不连续的气相封闭起来；在充气钻井中，气体作为独立的分散气泡存在于液相中。

(2) 由于气体具有很强的压缩性，而液体基本上不可压缩。因此，当钻井液在井内循环时，气体和液体的体积分数随着压力的变化而变化，那么在井内不同的深度很有可能存在不同的结构。

(3) 雾化液中的成分与泡沫液的成分相同。在雾化钻井中，将液体和气体按一定的体积分数注入钻柱内，确保在钻柱内是雾化状态，如果出现大量的地层水，井内水的体积分数将增加，可能成为泡沫钻井。随着钻井液沿着环空向上流动，在未到地面之前，压力将降低，一些泡沫有可能转化为雾。

### (三) 雾化钻井参数

注气量 $120\sim160\text{m}^3/\text{min}$，注液量 $0.8\sim1.4\text{L/s}$，钻压 $40\sim80\text{kN}$，转速 $50\sim80\text{r/min}$。

## 二、泡沫钻井

泡沫可用作钻井、完井和增产措施的循环流体。泡沫中液相为连续相，液相形成一个泡状结构，环绕并圈闭着气体。泡沫可以有非常高的黏度，在任何情况下，其黏度都比组成它的液相和其中的气相黏度高。

### (一) 泡沫钻井特点

(1) 比干空气或雾化钻井低得多的环空流速，但携带岩屑能力更强。

(2) 泡沫钻井中的注气量可以比空气钻井或雾化钻井的注气量低很多。

(3) 泡沫的密度可调性大。泡沫钻井的井底压力比干空气钻井或雾化钻井高，机械钻速可能会低于干空气钻井。然而，泡沫钻井时的机械钻速通常仍比液体钻井液钻井的机械钻速高得多。

(4) 泡沫作为气体钻井流体的最大优点及使用它的主要原因是它能举升出大量的地层产

出液。在水侵量太大以致用雾化钻井不能有效地将地层产出液举升出来时，将雾化钻井转换为泡沫钻井就可以继续钻井。

### （二）发泡原理及影响因素

1. 发泡原理

用于发泡的主要发泡剂是表面活性剂。所有表面活性剂都是由具有亲水基连着长的憎水基的分子组成，通常为脂肪烃链。根据亲水基的特性来分类，它们被分为阴离子、阳离子、中性或非极性。一有可能，表面活性剂分子就自己调整自己，亲水基进入多水环境，憎水基进入非水环境，它们因此聚集在泡沫中液—气内表面。这样，它们可能增大或减小液体表面张力，并可能增强或减弱气泡壁强度。不是所有表面活性剂都可以作为发泡剂，有些表面活性剂会使泡沫结构变得更不稳定，因此可用作消泡剂。

2. 发泡剂浓度对发泡效果的影响

增加液相中发泡剂的浓度会增加泡沫的稳定性。评估泡沫稳定性的常用方法是测量它的半衰期。半衰期是指泡沫体积减少到其初始体积的一半时所需的时间。最初，泡沫半衰期会或多或少地与发泡剂的浓度成正比例增加。对一般的发泡剂，一旦浓度超过0.5%，半衰期增速变慢。发泡剂有一个临界浓度，当浓度超过它时，半衰期往往就随浓度的进一步增加反而减小。

3. 油和盐对发泡的影响

泡沫受到盐水或油气的污染后会明显降低它的稳定性。6%的油和12%的氯化钠都能将钻井泡沫的半衰期减少大约50%，并且两种污染同时存在时会将其半衰期减小到原始半衰期的25%。有些发泡剂对盐的污染比其他的更敏感，出现哪怕少量氯化物的污染，流体根本就不起泡。

4. 温度对发泡的影响

温度也会影响泡沫稳定性。当温度升高时，泡沫衰变的速度也增加。当井下温度升高时，就有必要增加发泡剂的浓度。

### （三）雾化钻井转化泡沫钻井条件

雾化钻井如出现携岩困难、井壁出现剥落现象不能正常钻进时，或地层出水量大于$5.0m^3/h$时，转化为泡沫钻井。

### （四）泡沫钻井工艺参数

注气量$40\sim80m^3/min$，注液量$3.0\sim8.0L/s$，钻压$40\sim80kN$，转速$60\sim100r/min$。

### （五）泡沫举砂工艺

若气体钻进过程中发生钻具阻卡或携岩不畅，可视井下情况打泡沫塞举砂，或进行短程起下钻。泡沫塞参数为：注气量$80\sim120m^3/min$，注液量$3.0\sim8.0L/s$，注液时间$3\sim5min$。

## （六）泡沫钻井当量密度计算

泡沫钻井由于含有大量气体，气体压缩性很强，因此不同井深密度不同，当量密度也不相同。计算泡沫钻井当量密度有很多模型，计算也很复杂，本文推荐一个比较简单的模型。由于液柱压力随井深增加而增大，因此泡沫的密度也随井深增加而增大。为计算泡沫液的静液柱压力，把环空从井口到井底分成 $n$ 个单元，假设液体体积不变，单元内压力和密度相同，气体遵从理想气体方程，则每单元体积为

$$V = \Delta H A \tag{6-1}$$

式中　$\Delta H$——单元高度，m；
　　　$A$——单元截面积，m$^2$。

地面和第一单元则有：

$$\frac{p_0 V_0}{T_0} = \frac{p_1 V_1}{T_1} \tag{6-2}$$

$$V_0 = V \frac{Q_1}{Q_1 + Q_2} \tag{6-3}$$

式中　$p_0$——标准状态压力，bar；
　　　$V_0$——标准状态气体体积，bar；
　　　$T_0$——地面温度，K；
　　　$p_1$——套压，bar；
　　　$V_1$——第一单元气体体积，m$^3$；
　　　$T_1$——第一单元温度，K；
　　　$Q_1$——气体排量，m$^3$/s；
　　　$Q_2$——液体排量，m$^3$/s。

$$V_1 = \frac{p_0 V_0 T_1}{p_1 T_0} \tag{6-4}$$

该单元泡沫密度为

$$\rho_{p1} = \frac{(V - V_1)\rho_Y + V_0 \rho_0}{V} \tag{6-5}$$

式中　$\rho_{p1}$——第一单元泡沫密度，kg/m$^3$；
　　　$\rho_0$——气体标准状态密度，kg/m$^3$；
　　　$\rho_Y$——基液密度，kg/m$^3$。

第二单元压力为

$$p_2 = p_1 + 10^{-5} \rho_{p1} g \Delta H \tag{6-6}$$

同理：

$$V_2 = \frac{p_1 V_1 T_2}{p_2 T_1} \tag{6-7}$$

$$\rho_{p2} = \frac{(V - V_2)\rho_Y + V_0 \rho_0}{V} \tag{6-8}$$

第二单元当量密度为

$$\rho_2 = \frac{10^5 p_2}{g \Delta H} \tag{6-9}$$

式中 $p_2$——第二单元压力，bar；

$V_2$——第二单元气体体积，m³；

$T_2$——第二单元温度，K；

$\rho_{p2}$——第二单元泡沫密度，kg/m³；

$\rho_2$——第二单元当量密度，kg/m³。

依此类推，第 $i$ 单元

$$p_i = p_{i-1} + 10^{-5} \rho_{pi-1} g \Delta H \tag{6-10}$$

$$V_i = \frac{p_{i-1} V_{i-1} T_i}{p_i T_{i-1}} \tag{6-11}$$

$$\rho_{pi} = \frac{(V - V_i)\rho_Y + V_0 \rho_0}{V} \tag{6-12}$$

$$\rho_i = \frac{10^5 p_i}{g \Delta H (i - 1)} \tag{6-13}$$

式中 $p_i$——第 $i$ 单元压力，bar；

$V_i$——第 $i$ 单元气体体积，m³；

$T_i$——第 $i$ 单元温度，K；

$\rho_{pi}$——第 $i$ 单元泡沫密度，kg/m³；

$\rho_i$——第 $i$ 单元当量密度，kg/m³。

计算实例如图 6-9 与图 6-10 所示(靠近地面当量密度高是因为加了一定的套压)，其中动态是指钻进循环态，静态指不循环状态。

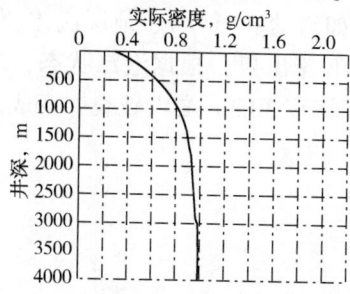

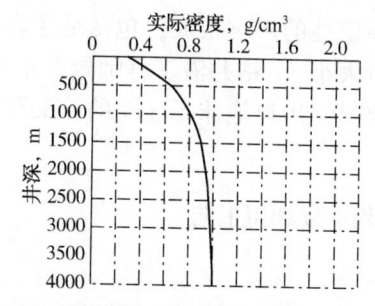

(a) 实际密度—井深曲线分布图（动态） (b) 实际密度—井深曲线分布图（静态）

图 6-9 泡沫钻井不同深度实际密度分布图

(a) 当量密度—井深曲线分布图（动态）　　(b) 当量密度—井深曲线分布图（静态）

图 6-10　泡沫钻井不同深度当量密度分布图

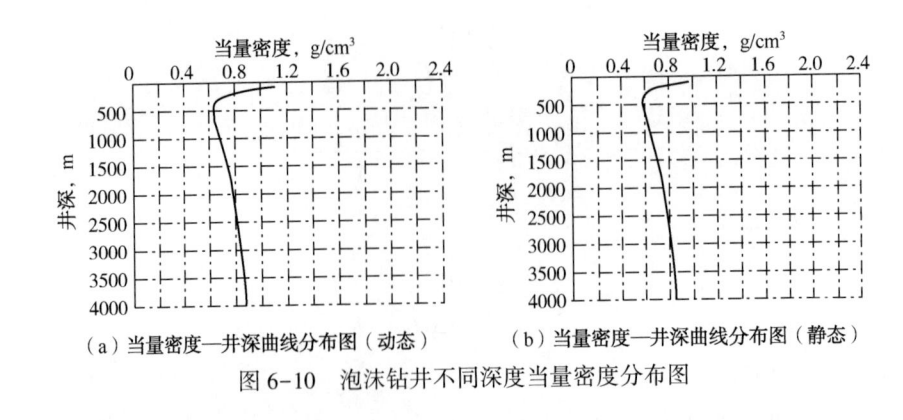

## 三、可循环泡沫配制与维护工艺

泡沫钻井可分为一次性泡沫钻井和可循环泡沫钻井，一次性泡沫材料浪费大，可循环泡沫基液可以循环使用更为经济，但需要一定的回收利用技术。

### （一）可循环泡沫液回收关键技术

（1）合理控制泡沫的半衰期。

泡沫回收利用的关键技术是控制合理的泡沫半衰期。泡沫钻井过程中，只要泡沫能把岩屑从井底带到地面，就完成了它的历史使命。只要泡沫从井底到井口是连续稳定就足够了，不需要半衰期太长。因此，泡沫钻井时，要根据井深和上返时间，控制合理的半衰期，随井深增加，随时调整。

（2）正确认识室内实验数据和现场实际的差距。

关于泡沫液发泡体积和半衰期，现场作业人员要正确区别室内实验数据与现场实际应用时的差距。往往是实验室测得的发泡体积较小，半衰期较短，而现场作业时却长。因为实验室在测发泡体积时，搅拌器的叶片在杯底，一旦泡沫形成，空气很难再进入，所以泡沫密度一般在 $0.2g/cm^3$ 左右。现场使用时，压缩机给泡沫液强制充气，泡沫密度常在 $0.1g/cm^3$ 左右，比室内低得多。在室内测得的半衰期是在静止状态下得到的结果，而在井内泡沫处于运动状态，空气压缩机给它施加一个动能，泡沫不容易破裂，所以它的半衰期要比室内实验长得多。

（3）严格观察管线出口泡沫状态并及时调整泡沫配方。

影响泡沫半衰期的主要因素是发泡剂和稳泡剂的种类与加量以及所钻进的地层特性。地层对泡沫稳定性的影响很大，包括地层岩性（如岩盐和石膏）、地层流体（包括地层水矿化度和出水量大小）。钻井液工程师要严格观察泡沫出口，根据泡沫状态，及时调整泡沫液配方，既要保证出口泡沫是连续的，又要让泡沫在 30min 之内破裂，变成液体，以便于回收再利用。

### （二）回收重复利用工艺

1. 回收工艺

回收使用的前提是泡沫及时破裂变成液体。在保证井眼清洁的前提下，尽量减少发泡剂和稳泡剂加量，缩短稳泡时间，以便及时回收泡沫液。这就要求钻井液工程师有较强的责任心，随时观察，随时处理。只要泡沫半衰期控制合理，回收工艺很简单。首先，在泡沫钻井之前，把潜水泵固定在防砂集液笼内，放在污水池内离排砂管线出口较远的低洼处，并固定在岸边，防止它向远处漂浮。一旦泡沫液淹没潜水泵，即可开始回收。而且潜水泵在泡沫液中呈漂浮状态，不会被钻屑埋住，可保证正常运转。

2. 对回收设备的要求

排砂坑为"U"形，在排砂坑和配液罐之间增加一个沉砂坑，以利于基液的液固分离，增加回收液处理设施，降低有害固相对基液性能的影响。

雾化/泡沫钻井时，对注液量和潜水泵的排量都有一定的要求，应根据现场实际情况来确定注液量和潜水泵的排量。如果污水池太深，潜水泵的量程不够，可以采用二级回收。

3. 回收泡沫液的性能调整

泡沫液在地面配制完成后第一次入井时，性能良好。当气温较低或钻进盐水层时，尤其是出水量较大、矿化度较高时，必须对回收液补加处理剂，保证它的发泡能力和稳泡性能，满足钻井作业需要。

现场检测泡沫入井前的发泡性能，发泡体积达到 8~12 倍，半衰期 7~15min。钻进过程中对返出液采用化学絮凝自然消泡的方式，不使用或少使用消泡剂，以利于雾化/泡沫液循环利用。地面连续测试回收液性能参数，通过补充处理剂加量来调整回收液性能，使用相应的固相控制设备和方法，减少钻屑对基液的污染，使之满足钻进需求。可循环设备实际井场布置如图 6-11 所示。

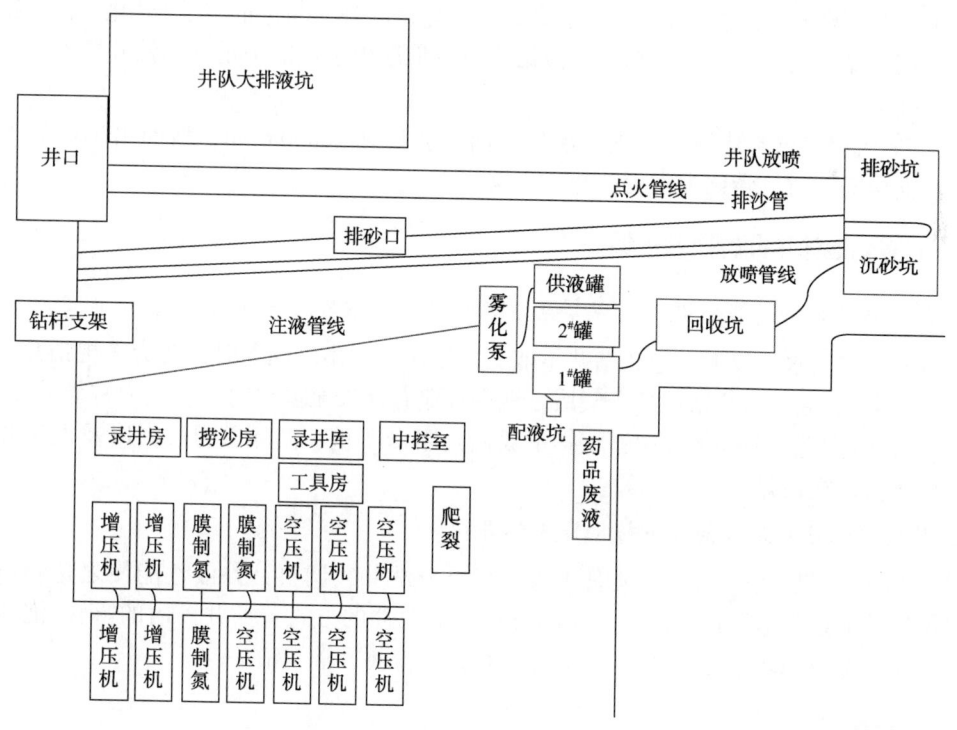

图 6-11 可循环设备实际井场布置图

## 四、气体钻井转化为常规钻井

### (一) 纯气钻井转化为常规钻井

纯气钻井有时需要直接转化成常规钻井,发现以下情况之一(或一种以上),必须立即进行转化。

(1) 若氮气钻井钻至主力气层,钻具内强制式箭型回压阀失效,则转化为常规钻井。

(2) 自井内返出的气体,包括天然气,在未与大气接触之前所含硫化氢浓度等于或大于 75mg/m$^3$;或者自井内返出的气体,包括天然气,在其与大气接触的出口环境中硫化氢浓度大于 30mg/m$^3$,则转化为常规钻井。

(3) 地层已出水,岩屑录井出口和排砂管线出口见液滴,空气钻井增大注气排量至 160m$^3$/min(氮气钻井增大注气排量至 120m$^3$/min),出水未减少;环空憋压无法消除;扭矩、摩阻突然增大或起下钻困难发生阻卡影响钻井安全时均转化为雾化泡沫钻井。泡沫钻井也不能有效解决出水问题时,转化为常规钻井。

(4) 井眼、井壁条件不满足气体钻井正常施工要求时,则转化为常规钻井。

(5) 井斜大于设计要求且纠斜效果差,出现可能超出控制的井控风险时,转化为常规钻井。

(6) 氮气钻进气层后,若发现旋转防喷器胶芯漏气,钻台甲烷(天然气)浓度达到 3%(或监测报警仪报警),关井更换新胶芯仍无法有效解决,则转化为常规钻井。

(7) 氮气或氮气雾化泡沫液钻进气层后,发现全烃显示,做点火准备,甲烷(天然气)产量较小时,可放喷点火钻进,若甲烷(天然气)产量达到 50000m$^3$/d,则转化为常规钻井。

(8) 若监测到 $CO_2$,浓度超过 7%(按 120m$^3$ 计算超过 18000mg/m$^3$)时,转化为常规钻井。

(9) 氮气钻进气层后,需要起钻更换钻头或者地层出水不能满足气体钻井要求时,转化为常规钻井。

(10) 氮气或氮气雾化泡沫钻进气层后,出气量达到 10000m$^3$/d,地面出现可能无法控制或存在安全隐患时,转化为常规钻井。

### (二) 雾化泡沫钻井转换常规钻井

**1. 雾化泡沫钻井过程中井下出现复杂情况时转化为常规钻井原则**

(1) 若地层出水量较大,泡沫钻井不能有效解决地层出水问题时,转为常规钻井;

(2) 若雾化/泡沫钻井钻遇高产气层,地面控制存在安全隐患时,转化为常规钻井;

(3) 若雾化/泡沫钻井过程中,上提下放钻具阻卡严重、循环压力过高以及发生井壁坍塌时,转化为常规钻井。

**2. 雾化泡沫钻井正常条件下转化常规钻井原则**

雾化/泡沫完钻后,打 2~3 段泡沫塞进行充分洗井,调整钻井液性能使之达到设计要求,现场钻井液密度走设计上限,采用小排量、低泵冲的方式置换井筒内的雾化/泡沫钻井液,置换完毕充分循环钻井液 2~3 周,清洗井眼后转换为常规钻井。

### (三) 转换工艺

雾化泡沫钻井直接转换成钻井液钻井,容易造成井壁失稳、井径扩大、转换钻井液后划

# 第六章 气体钻井地层出水安全钻进技术

眼时间长等问题,降低了气体钻井效率。对2007—2009年20口$\phi$215.9mm井眼气体钻井井径扩大率及气液转换时间进行统计,统计结果见表6-1。

表6-1 2007—2009年气体钻井井径及气液转换时间统计表

| 序号 | 井号 | 井段,m | 钻头直径,mm | 转换后井径,mm | 井径扩大率,% | 气液转换时间,h |
|---|---|---|---|---|---|---|
| 1 | XS28 | 3220.00~3921.00 | 215.9 | 278.32 | 28.91 | 72.33 |
| 2 | XS29 | 2750.00~2925.00 | 215.9 | 271.24 | 25.63 | 77.5 |
| 3 | XS27 | 2850.00~3536.00 | 215.9 | 289.07 | 33.89 | 117.35 |
| 4 | XS24 | 2920.00~3140.00 | 215.9 | 284.78 | 31.90 | 60 |
| 5 | XS232 | 2820.00~3480.00 | 215.9 | 284.9 | 31.96 | 72 |
| 6 | XS141 | 2880.00~3434.00 | 215.9 | 291.58 | 35.05 | 119.83 |
| 7 | XS212 | 2920.00~3412.00 | 215.9 | 276.68 | 28.15 | 133.12 |
| 8 | XS213 | 2920.00~3513.00 | 215.9 | 294.59 | 36.45 | 115.6 |
| 9 | XS42 | 2910.00~3612.00 | 215.9 | 285.29 | 32.14 | 81.5 |
| 10 | XS43 | 2870.00~3635.00 | 215.9 | 283.58 | 31.35 | 103.83 |
| 11 | XS271 | 2850.00~3950.00 | 215.9 | 277.88 | 28.71 | 96 |
| 12 | YS2 | 3490.00~3900.00 | 215.9 | 287.83 | 33.32 | 177.58 |
| 13 | XS31 | 2600.00~3281.00 | 215.9 | 360.59 | 67.02 | 143.58 |
| 14 | SS1 | 1980.00~2530.00 | 215.9 | 245.95 | 13.92 | 130.42 |
| 15 | GS2 | 3250.00~4775.00 | 215.9 | 280.94 | 30.13 | 210.69 |
| 16 | DS9 | 3125.00~3800.00 | 215.9 | 255.76 | 18.46 | 212.34 |
| 17 | XS44 | 2875.00~3350.00 | 215.9 | 286.76 | 32.82 | 231.83 |
| 18 | XS33 | 2875.00~3375.00 | 215.9 | 354.8 | 64.34 | 291.6 |
| 19 | CS10 | 3273.00~4196.00 | 215.9 | 271.26 | 25.64 | 124.12 |
| 20 | XS41 | 3260.00~4160.00 | 215.9 | 291.74 | 35.13 | 136.42 |
| 平均 | | | | 287.68 | 33.25 | 135.38 |

为了解决气体钻井井径扩大及气液转换时间长的问题,对气体钻井气液转化技术进行完善。通过完善,形成了"内喷外浸"注白油转化工艺,消除了井壁温差大造成的脆变剥落,有效地润滑及保护了井壁,解决了气液转化后井壁失稳长时间划眼问题,实现气液安全转化。施工工艺如下:

(1)大气量充分循环至无岩屑返出;
(2)向立管内同注白油与空气10min;
(3)气体循环10min,起钻至技套;
(4)从压井管汇向环空注入适量白油及钻井液;
(5)再以50冲/min钻井液通过立管注满井筒。

该项技术分别在气体钻井进行应用,气液转换后下钻顺利到底,开泵循环返出粉末状岩屑,说明井壁稳定,无剥落;平均气液转换时间49.1h,比以往气液转换时间单井缩短88.17h。完井后电测,平均井径269.83mm,平均井径扩大率24.98%,比以往气体钻井井径扩大率降低了8.47%,特别是XS904井井径扩大率只有19.02%,创大庆油田$\phi$215.9mm井眼气体钻井井径扩大率最小指标。

# 第四节　充气钻井技术

## 一、充气钻井液的特点

（1）充气钻井是常规的钻井液注气，它不含表面活性剂，并且通常在井下有高的液体体积比。在井眼中，流动形式是多相流。使用充气液时，井底压力通常比泡沫钻井高。充气液体中的液相通常在回到地面后通过液气分离器分离出来再注入井眼中。

（2）通过调节注气量和注液量，可以控制循环压力。其产生的井眼不稳定性问题比雾化泡沫钻井少，并且地层流体的侵入速度也比用雾化泡沫低。因此，充气液体允许在胶结更差、含油更丰富的地层进行钻井。

## 二、充气方式

向钻井流体中充气的基本技术有两种：一种是立管注入法，如图 6-12 所示，在进入钻柱前在地面将气体注入液体中；另一种是通过环空在井下将气体注入液体中，有寄生管注气法和同心管注气法，如图 6-13 与图 6-14 所示。寄生管注气法是将寄生管下到套管柱外来实现，同心管注气法是下入的套管柱内再悬挂一层套管形成环空来实现。

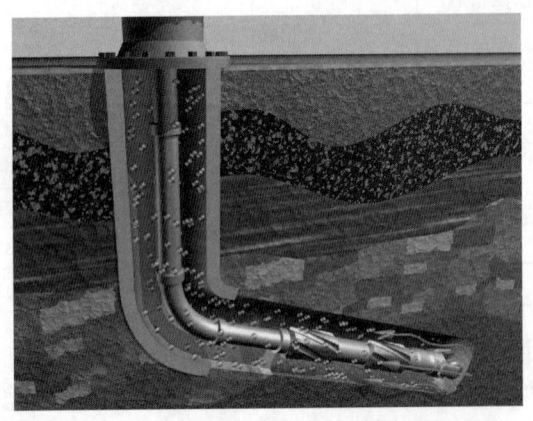

图 6-12　立管注气方式

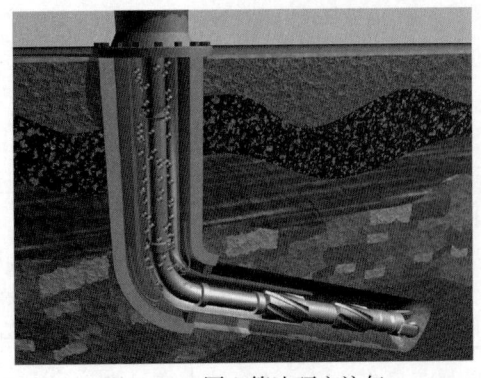

图 6-13　同心管法环空注气　　　　图 6-14　寄生管法环空注气

## （一）立管注气

立管注气优点：
(1) 它不需要任何井下辅助工具，因此成本比其他注气方式要低；
(2) 由于充气流体充满了整个环空，因此获得的井底压力比气体从旁路注入的要低；
(3) 特定的井底压力需要的气体注入量比环空注气的要低。

钻柱注气缺点：
(1) 在接单根或起下钻停止循环时，不可能实现连续注气，井底压力波动大。
(2) 立管注入过程中，可压缩相(气泡)会迅速减弱任何 MWD 的压力脉冲信号，因此常规的脉冲遥测 MWD 就不能使用。

## （二）环空注气

环空注气优点：
(1) 接单根或起下钻时可实现连续注气，井底压力波动小；
(2) 钻柱中是单相流(液体)，钻井液脉冲 MWD 系统可以正常使用，井下动力钻具工作效率高，井下震动可能较低；
(3) 尽管开始注气的压力比钻柱注入时要高，但它通常会在达到目标井底压力时降下来并比立压低。

环空注气的缺点是相比于立管注气法其成本要高。

## 三、充气钻井工艺技术

### （一）充气钻井与常规钻井之间转换

应用充气钻井，由于基液是常规钻井液，一般即使泡沫钻井转化成充气钻井，也要泡沫钻井先转化为常规钻井液钻井，再转化为充气钻井。

1. 常规钻井转化为充气钻井方法
(1)常规钻井切换到充气钻井流程循环。
(2)打开注气阀门开始注气，按设计注气量注气循环一周，即可开始充气钻井钻进。

2. 充气钻井转化为常规钻井方法
(1)停止注气，关闭注气阀门，用钻井液循环，返出的钻井液中不含有气体为止。
(2)切换到常规钻井流程。

### （二）充气钻井钻进工艺及接单工艺

1. 钻进工艺

充气钻井和常规液体欠平衡基本相同，需要每次开始钻进前井口钻柱接一个箭形回压阀，以后每钻进 300m 加一个箭形回压阀，起钻时卸掉。

2. 接单根工艺

每打完一个单根，停基液泵，继续注气，待到最近钻具单流阀以内循环管线充满气体时停止注气，然后通过地面闸门将井口以上循环管线内气体放掉后再接单根。

另一种方法：每打完一个单根，停止注气，继续注入基液，待井口第一个钻具单流阀以上循环管线充满基液时停注基液，然后再接单根。

### （三）充气钻井当量密度计算

充气钻井由于是多相流，很不稳定，计算模型不仅复杂而且准确性差，本文推荐一个简单而又准确性高的方法。

充气钻井开始注气后，井内钻井液被替出，地面钻井液罐内钻井液增加，当充气液循环一定时间稳定后，地面钻井液罐内钻井液不再增加，此时所有替出的全部钻井液产生的压力就是井底减少的压力。由于管内压力高，90%的压降都在环空。

充气钻井井底当量密度为

$$\rho_c = \rho \frac{\left(h - \dfrac{0.9Q}{A}\right)}{h} \tag{6-14}$$

式中　$\rho_c$——充气钻井井底当量密度，$g/cm^3$；

　　　$\rho$——充气钻井基液密度，$g/cm^3$；

　　　$h$——井深，m；

　　　$Q$——充气替出的钻井液体积，$m^3$；

　　　$A$——环空截面积，$m^2$。

[算例] 某井井眼直径 220mm，井深 3000m，基液密度 $1.1g/cm^3$，替出钻井液 $20m^3$，则井底当量密度为

$$\rho_c = 1.1 \times \frac{\left[3000 - \dfrac{0.9 \times 20}{(0.22^2 - 0.127^2) \times 3.14 \times \dfrac{1}{4}}\right]}{3000} = 0.81\ (g/cm^3)$$

# 第七章 气体钻井防爆技术

## 第一节 空气钻井转成氮气钻井

### 一、空气钻井燃爆条件

空气钻井如果钻遇含有可燃气体地层，有可能井下造成燃爆，天然气在空气中燃爆的条件是天然气在一定压力下达到一定的体积比，如图7-1所示。

燃爆的另一个条件是井下有火花或由于不通畅造成温度压力急剧升高从而发生自燃。井下着火使空气钻井的应用范围受到限制。当石油或天然气与空气混合，碳氢化合物聚集到一定程度，遇到火源时，井下就会燃爆。在常压下，天然气聚集的比例达到5%～15%时，就会燃爆。比例的上限与压力的增加有关，当压力为2MPa时，比例达到30%。

如图7-1所示为对于典型的天然气来讲，压力对燃烧范围的影响。在某种程度上，燃烧极限随着气体成分的变化而变化。一旦天然气混合比例达到燃烧的范围，自身的压缩常常能够达到自燃条件。由钻柱与井壁摩擦或者是所钻的地层坚硬含有石英所产生的火花能够点燃混合气体。空气经过小间隙与钻柱产生的摩擦热也被看作是潜在的火源。

避免井下着火最普通的方法是检测到地层产出天然气后，及时将空气钻井转化为氮气钻井。

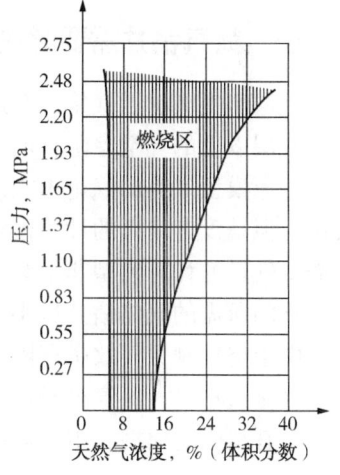

图7-1 空气钻井不同压力天然气燃烧所需体积分数

### 二、空气钻井转成氮气钻井条件

在空气钻井中，需要实时监测天然气和二氧化碳的含量变化，从而有效预防井下燃爆。地质预测非产层偶尔也会监测到少量天然气，这种情况一般循环观察一段时间，天然气就会消失，这时可继续空气钻进。如果循环天然气含量持续超过3%，应转换成氮气钻井。在储层在接近主力气层时，发现天然气，立刻停钻转换为氮气钻井，或者为安全起见，进储层前就转换成氮气钻井，避免发生燃爆意外。

通过计量注入气体量和返出气体的甲烷(天然气)体积分数，估算地层产出气量。假设注入气体完全从排砂管线返出，体积无变化，地层产出气体以甲烷为主的天然气，则注入气量为$Z_1$，地层产出甲烷量$C_1$，排砂管线甲烷体积浓度监测值$a$，利用计算公式：

$$a = C_1/(Z_1 + C_1)$$

$$C_1 = aZ_1/(1-a)$$

并考虑监测仪器精度,经计算结果见表 7-1。

表 7-1 不同注气量及天然气浓度的地层出气量

| 出口监测气体浓度(体积分数) | 注入 80m³/min 时地层气产量 | | 注入 120m³/min 时地层天然气产量 | |
|---|---|---|---|---|
| | 单位:m³/min | 单位:m³/d | 单位:m³/min | 单位:m³/d |
| 1%±0.05% | 0.85~0.77 | 1224~1108.8 | 1.27~1.15 | 1828.8~1656 |
| 3%±0.15% | 2.60~2.34 | 3744~3369.6 | 3.90~3.52 | 5616~5068.8 |
| 5%±0.25% | 4.32~3.99 | 6220.8~5745.6 | 6.65~5.98 | 9576~8611.2 |
| 30%±1.5% | 36.79~31.89 | 52977.6~45921.6 | 55.18~47.83 | 79459.2~68875.2 |
| 50%±1.5% | 72.4~88.42 | 104256~127324.8 | 108.6~121.8 | 156384~175392 |

## 第二节 氮气混空气钻井技术

### 一、氮气钻井需要解决的问题

地层出气增加了气量,有助于岩屑的返出。但穿过气层后,继续钻进,则地层出气增加了出气层以上的环空摩阻,增大了出气层以下的环空压力,减小了出气层以下的环空气体的返速,原模型计算的气量不能满足气体钻井需求,需要增加气量,增加多少和地层出气量有关系,但是没有精确的计算模型。随着气体钻井在产气层的应用越来越多,建立气层气体钻井需要气量的计算模型非常必要。针对该问题,在前人计算模型的基础上,建立了地层出气情况下的所需的气体钻井最小注气量计算模型。

由于空气制氮气效率有限,制氮系统产生氮气排量只有吸入空气排量的 50% 左右,造成氮气排量不足。氮气设备产生氮气纯度在 90% 左右,可以混一定空气,但到底最多混多少,没有精确的模型,本节对此进行探讨。

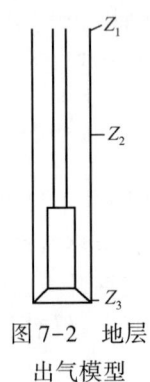

### 二、地层出气后纯气钻井所需注气量计算

#### (一)地层出气后需要最小注气量的物理模型

地层出气后需要最小注气量的物理模型如图 7-2 所示,设地面垂直坐标为 $Z_1$,出气点 $Z_2$,井底 $Z_3$。

#### (二)环空压力和最小排量的关系

本文应用的是最小动能原理,认为井眼中有效携带固体颗粒所需大于或等于大气条件下气体的最小环空流速为 15m/s,该单位体积动能是携带固体颗粒所需的最小单位体积动能,其单位体积动能为

图 7-2 地层出气模型

$$E_{g0} = \frac{1}{2}\rho_{g0}v_{g0}^2 \tag{7-1}$$

式中 $\rho_{g0}$——标准状态下气体的密度，空气为 1.22kg/m³；
$v_{g0}$——标准状态下气体的流速，空气为 15.24m/s。

根据最小动能原理：

$$\frac{1}{2}\rho_{g0}v_{g0}^2 = \frac{1}{2}\rho_g v_g^2 \tag{7-2}$$

式中 $\rho_{g0}$，$\rho_g$——标准状态和压力 $p$、温度 $T$ 下的气体密度，kg/m³；
$v_{g0}$，$v_g$——标准状态和压力 $p$、温度 $T$ 下的气体速度，m/s。

根据气态方程可得：

$$\rho_g = \frac{p\rho_{g0}T_0}{p_0 T} \tag{7-3}$$

$$v_g = \frac{Q}{A} = \frac{p_0 T Q_{g0}}{p A T_0} \tag{7-4}$$

式中 $p_0$——标准状态的压力，MPa，取 0.101325MPa；
$T_0$——标准状态下的温度，K，取 273K；
$p$——井底的压力，MPa；
$T$——井底的温度，K；
$Q$——井底的气体排量，m³/s；
$Q_{g0}$——标准状态的气体排量，m³/s。

把式(7-3)与式(7-2)代入式(7-1)整理可得：

$$p = \frac{p_0 T Q_{g0}}{T_0 A^2 v_{g0}^2} \tag{7-5}$$

式(7-5)为压力与最小注气量的关系，要求出最小注气量需要求出井底压力。

**（三）井底压力计算推导**

由于气体在井眼中高速流过产生较大的压耗，不同井深压力不同，其流速也不同，这需要求出气不同井深的压力，对于等直径的环空微元段，则：

$$dp = \gamma_m \left[1 + \frac{fv^2}{2g(D_h - D_p)}\right] dZ \tag{7-6}$$

式中 $D_h$——井眼直径，m；
$D_p$——钻柱外径，m；
$Z$——井深，m；
$\gamma_m$——井深 $Z$ 处混合物容重，N/m³；
$f$——摩擦系数。

混合物的重度可由下面公式得到：

$$\gamma_m = \rho_g g(1 + r) \tag{7-7}$$

其中

$$r = \frac{w_s}{w_g}$$

式中　$w_s$——固体的质量流量，N/s；
　　　$w_g$——气体的质量流量，N/s；
　　　$r$——环空中固、气中质量流量比。

代入式(7-6)可得：

$$dp = \left(\frac{ap}{T} + \frac{abT}{p}\right)dZ \tag{7-8}$$

其中

$$a = \frac{gT_0}{p_0}\rho_{g0}$$

$$b = \frac{fQ_{g0}^2 p_0^2}{gA^2(D_h - D_p)T_0^2}$$

积分式(7-8)得：

$$p_下 = \left[(p_上^2 + bT^2)e^{\frac{2aZ}{T}} - bT^2\right]^{\frac{1}{2}} \tag{7-9}$$

式中　$p_上$——单元上游压力，MPa；
　　　$p_下$——单元下游压力，MPa；
　　　$Z$——井段长度，m。

**(四) 地层出气后最小注气量计算模型**

井底压力由气体环空压耗产生，其中 $Z_1$-$Z_2$ 段压耗由地层出气和地面注气产生，$Z_2$-$Z_3$ 段由地面注气产生，由于气量(质量流量)不同，应分开计算，设则 $Z_2$ 点地层出气量为 $Q_1$，地面设备注气量为 $Q_2$，$Z_1$ 点压力为 $p_1$，$Z_2$ 点压力为 $p_2$，$Z_3$ 点压力 $p_3$。

根据式(7-9)则有：

$$p_2 = \left[(p_1^2 + b_1 T^2)e^{\frac{2a_1(Z_2-Z_1)}{T}} - b_1 T^2\right]^{\frac{1}{2}} \tag{7-10}$$

其中

$$a_1 = \frac{gT_0}{p_0}\rho_{g0}$$

$$b_1 = \frac{f(Q_1+Q_2)p_0^2}{gA^2(D_h - D_p)T_0^2}$$

同理 $Z_3$ 点的压力为 $p_3$ 可用下式计算：

$$p_3 = \left[(p_2^2 + b_2 T^2)e^{\frac{2a_2(Z_3-Z_2)}{T}} - b_2 T^2\right]^{\frac{1}{2}} \tag{7-11}$$

其中

$$a_2 = \frac{gT_0}{p_0}\rho_{g0}$$

$$b_2 = \frac{fQ_2^2 + p_0^2}{gA^2(D_h - D_p)T_0^2}$$

把式(7-11)代入式(7-5)可得：

$$\frac{p_0 T Q_{g0}}{T_0 A^2 v_{g0}^2} = \left[(p_2^2 + b_2 T^2) e^{\frac{2a_2(Z_2-Z_1)}{T}} - b_2 T^2\right]^{\frac{1}{2}}$$

(7-12)

然后应用迭代的方法，根据式(7-10)先求出 $p_2$，再根据式(7-12)求出最小排量。如图7-3所示为 $\phi$215mm 井眼，$\phi$127mm 钻杆，钻头钻进位置3000m，在2600m 地层出气，不同出气量所需要的最小气体注入量。

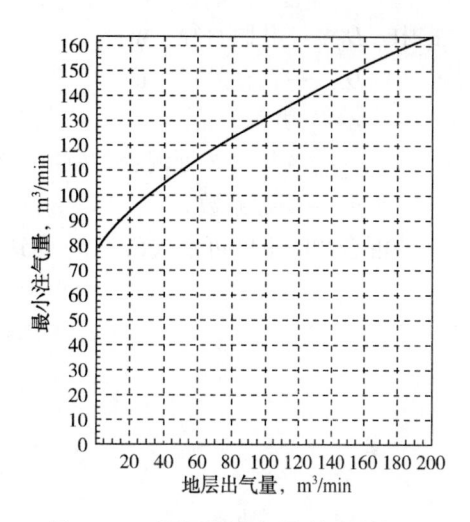

图7-3 不同地层出气量所需要的气体注入量算例

### 三、氮气钻井不燃爆最高混空气量计算

对于储层应用气体钻井，为预防燃爆，可选用氮气钻井。氮气钻井需要制氮设备，产出的氮气排量只有吸入空气的一半，成本比空气钻井高出很多，而设备的制氮能力还随时间逐年降低，过一定时间可能会出现氮气设备生产的氮气不足的问题。而制氮设备生产的氮气纯度较高，可混入一定的空气也不会发生燃爆，可一定程度上弥补氮气设备制氮能力的不足。在不同条件下混入空气气量却不发生燃爆的精确计算是氮气钻井混空气的关键技术。

#### （一）计算模型

燃烧需要可燃气体和助燃气体，且都达到一定的浓度才能燃烧。可燃气体是地层出气，钻进中无法控制；助燃气体是氧气，可以通过控制注入气体氧气含量控制。可燃气体氧气燃烧临界浓度按式(7-13)计算：

$$q_n = (10.35 - 1.68\lg p) \times 10^{-2} \times 100\%$$

(7-13)

式中 $p$——井底环空压力，MPa；

$q_n$——氧气浓度，%。

式(7-13)是燃烧所需氧气浓度计算公式，根据井底压力和氧气浓度可以确定氮气钻井能够混入空气的气量。

#### （二）井底压力计算

由于气体在井眼中高速流过产生较大的压耗，不同井深压力不同，其流速也不同，这需要求出气不同井深的压力，对于等直径的环空微元段，则：

$$dp = \gamma_m \left[1 + \frac{fv^2}{2g(D_h - D_p)}\right]dZ$$

(7-14)

式中　$D_h$——井眼直径，m；
　　　$D_p$——钻柱外径，m；
　　　$Z$——井深，m；
　　　$\gamma_m$——井深 $Z$ 处混合物重度，N/m³；
　　　$f$——摩擦系数。
　　混合物的重度可由式(7-15)得到：

$$\gamma_m = \rho_g g(1+r) = \frac{p\rho_{g0}T_0 g}{p_0 T}(1+r) \tag{7-15}$$

其中

$$r = \frac{w_s}{w_g}$$

$$w_s = \frac{\pi}{4}v_{pe}D_h^2\rho_s g$$

$$w_g = \rho_{g0}Q_{g0}g$$

式中　$w_s$——固体的重量流量，N/s；
　　　$w_g$——气体的重量流量，N/s；
　　　$r$——环空中固、气中重量流量比；
　　　$\rho_g$——气体的密度，kg/m³；
　　　$\rho_s$——岩屑密度，kg/m³；
　　　$Q_{g0}$——标准状况下气体注入量，m³/s；
　　　$v_{pe}$——钻速，m/s。
　　代入式(7-14)可得：

$$dp = \left(\frac{ap}{T} + \frac{abT}{p}\right)dZ \tag{7-16}$$

其中

$$a = \frac{\rho_{g0}T_0 g}{p_0}\left[1 + \frac{\frac{\pi}{4}D_h^2 g\rho_s v^{\frac{v_{pe}}{3600}}}{\rho_{g0}Q_{g0}g}\right]$$

$$b = \frac{fQ_{g0}^2 p_0^2}{gA^2(D_h - D_p)T_0^2}$$

积分式(7-16)得：

$$p_下 = \left[(p_上^2 + bT^2)e^{\frac{2aZ}{T}} - bT^2\right]^{\frac{1}{2}} \tag{7-17}$$

式中　$p_上$——单元上游压力，Pa；
　　　$p_下$——单元下游压力，Pa；
　　　$Z$——井段长度，m。

## （三）混空气气量计算

制氮设备产出的氮气都有一定的含氧量，含氧浓度为 $q_{n1}$，氮气排量为 $Q_n$，可混空气量为 $Q_a$，则：

$$q_n = \frac{0.21Q_a + q_{n1}Q_n}{Q_a + Q_n} \tag{7-18}$$

将式(7-13)代入式(7-18)整理可得出可混的最多空气量为

$$Q_a = \frac{Q_n[(10.35 - 1.68\lg p_下) \times 10^{-2} - q_{n1}]}{0.21 - (10.35 - 1.68\lg p_下) \times 10^{-2}} \tag{7-19}$$

如图 7-4 所示为正常注入压力 4000m 井深不同氮气排量可混得空气量，如图 7-5 所示为异常注入压力（注压 5MPa）4000m 井深不同氮气排量可混得空气量。

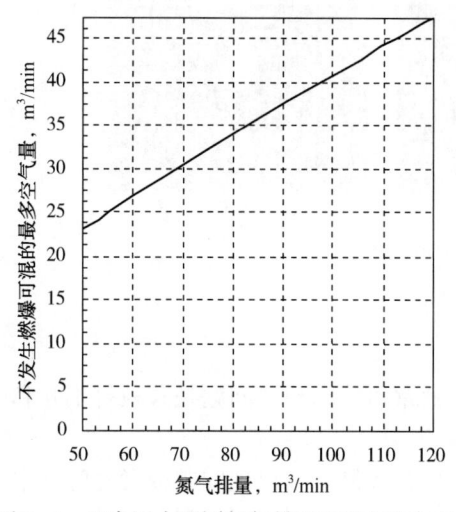

图 7-4　正常压力不同氮气排量可混得空气量

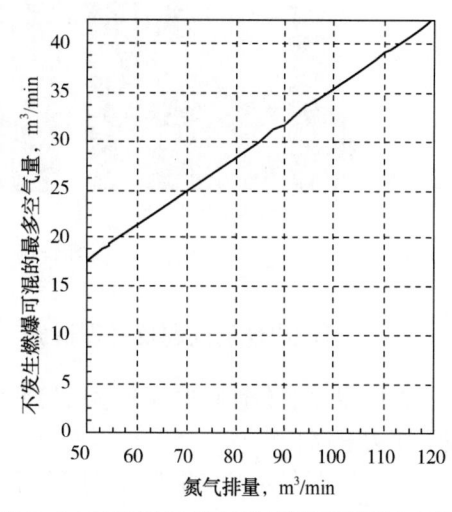

图 7-5　异常压力不同氮气排量可混得空气量

## 第三节　气层安全起下钻技术

气体钻井欠平衡起下钻有两种方法，一种是应用套管阀方法，另一种是应用导引头配合配合自吸装置。

### 一、应用套管阀的安全起下钻技术

#### （一）套管阀技术的优缺点

套管阀技术的优点是井口安全性好，井口没有天然气溢出风险。但该技术的缺点是成本较高，如果产层产量较高是可以有效益的，如果产层产量很低，很可能亏本。

### (二) 套管阀应用工艺流程

(1) 安装作业工艺：将井下套管阀下至设计深度并对套管阀进行测试，然后将插入式固井工具下到阀板以下固井。

(2) 起钻作业工艺：用旋转防喷器密封井口，将钻柱带压起至套管阀以上，再关闭井下控制阀，泄掉阀板以上的套压，按常规作业方式，从井中起出钻柱。

(3) 下钻作业工艺：按常规作业方式，将钻柱下至套管阀以上，然后关闸板防喷器，增加注入压力至套管阀以上井筒压力与套管阀以下压力相当可打开套管阀为止；打开套管阀后将井口压力降至安全流动压力；最后打开闸板防喷器，关旋转防喷器，带压下钻。

套管阀作业工艺示意图如图 7-6 所示。

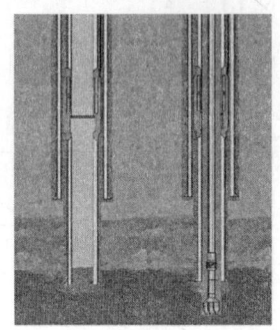

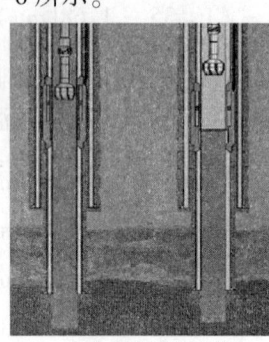

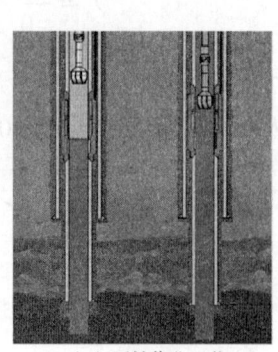

(a) 安装作业工艺　　(b) 起钻作业工艺　　(c) 下钻作业工艺

图 7-6　套管阀作业工艺示意图

### (三) 可能出现的问题及处理措施

在应用井下套管阀进行全过程欠平衡起下钻时，通常可能出现的问题是阀板打不开和阀板下压力过高。

(1) 如果套管阀在井下出现打不开现象，那就可能是控制管线出现问题或者套管阀本体出现了问题，在这种情况下先检查问题所在后进行处理。如果处理不了，可采用永久锁定工具将套管阀阀板永久锁定在开位。

(2) 如果是因为阀板下压力过高而导致套管阀打不开，则上部采取注入气体增压的方法平衡套管阀以下的压力，套管阀打开后再放掉气体压力。

(3) 套管阀关闭不了或关闭不严，可以采用导引头配合自吸装置代替套管阀。

## 二、导引头配合自吸装置的安全起下钻技术

该技术是在排砂管线上安装"井口气体导引流装置"配合自吸装置实现欠平衡起下钻的技术，可以在套管阀失效或者不用套管阀时，在低产气层气体钻井实现欠平衡起下钻。

### (一) 导引头配合自吸装置优缺点

该技术的优点是成本低，可以多次使用，适合于低产气层。

但安装在地面有安全隐患，如果导引头密封性发生问题，造成泄漏，有地面燃爆风险，钻台操作复杂，高产气层可能安全性差。

## (二)导引头结构及原理

导引头的结构如图 7-7 所示。

气体钻井起下钻导引头安装在旋转防喷器内,即可正常使用。由于采用了高弹力上胶芯及下胶芯双密封,上胶芯及下胶芯承托在间隔大于 700mm 空间内的结构,胶芯弹性好,回弹迅速,从而弥补了目前旋转防喷器不能起下下部钻具组合问题,能够实现复杂结构的下部管串(例如稳定器)通过并保持密封,密封性能优良。一支总成能够保证在 1MPa 的气压下起下一趟钻,总成壳体维护间隔长达 12 个月,与旋转防喷器兼容性好提高,最终提高了钻井效率,降低了钻井成本。该气体钻井起下钻导引头具有与旋转防喷器兼容性好、密封性能优良、更换胶芯程序简单的特点。

"过胶芯引流"控制只能用于气体欠平衡钻井,它要求有特殊的"过稳定器总成及胶芯"和排砂管上的"抽吸引流系统"组成。

## (三)过稳定器总成

常规的旋转防喷器胶芯和总成可以通过斜坡钻杆及其接头,但不能通过稳定器及钻铤,当起钻到钻铤和稳定器时,无法密封井口,因此需要安装套管阀等设备。研制了可以通过稳定器和钻铤的胶芯和总成,配合抽吸设备可以实现不用套管阀情况下的井口密封,如图 7-8 所示。

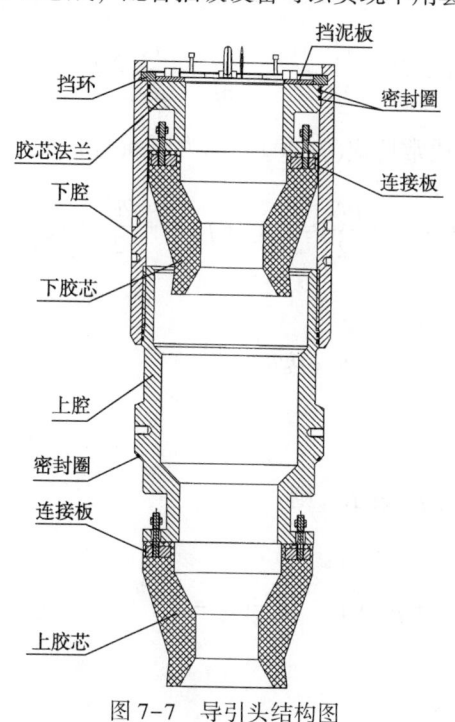

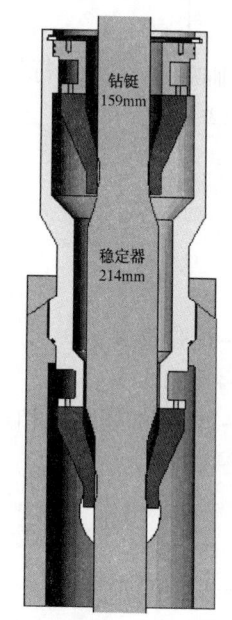

图 7-7 导引头结构图

图 7-8 过稳定器总成示意图

## (四)抽吸系统

排砂管上的"抽吸引流系统"是在排砂管上安装一个抽吸设备,利用设备的抽吸作用把从地层产生的气体从排砂管上抽吸出来,从而在井口形成负压的一种系统。它的抽吸能力必须满足井下的出气量要求，设备安装如图 7-9 所示。

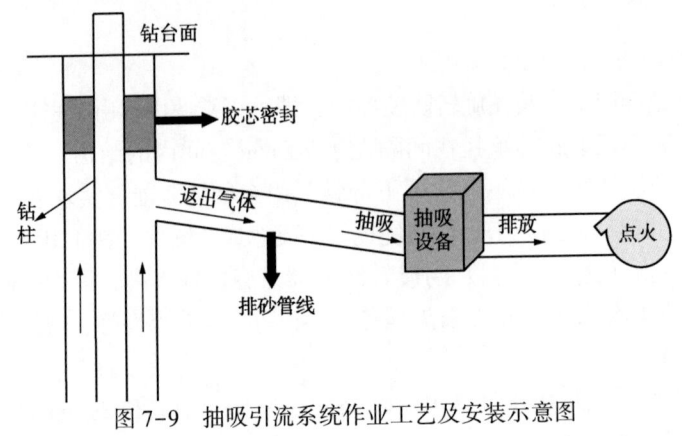

图 7-9 抽吸引流系统作业工艺及安装示意图

### （五）导引头配合自吸装置的压力控制技术

1. 抽吸引导压力的确定

设恒定气流如图 7-10 所示，气流的密度为 $\rho$，外部空气的密度为 $\rho_a$，过流断面上计算点的绝对压强为 $p_{1\text{abs}}$ 与 $p_{2\text{abs}}$，根据伯努利方程得：

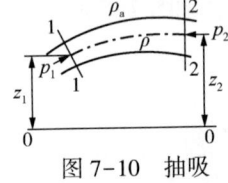

$$z_1 + \frac{p_{1\text{abs}}}{\rho g} + \frac{v_1^2}{2g} = z_2 + \frac{p_{2\text{abs}}}{\rho g} + \frac{v_2^2}{2g} + h_w \tag{7-20}$$

图 7-10 抽吸导引力模型

进行气流计算，通常把式(7-20)表示为压强的形式：

$$\rho g z_1 + p_{1\text{abs}} + \frac{\rho v_1^2}{2} = \rho g z_2 + p_{2\text{abs}} + \frac{\rho v_2^2}{2} + p_w \tag{7-21}$$

其中

$$p_w = \rho g h_w$$

式中 $p_w$——压强损失；
$h_w$——压力水头。

将式(7-21)中的压强用相对压强 $p_1$ 与 $p_2$ 表示，则：

$$p_{1\text{abs}} = p_1 + p_a \tag{7-22}$$

$$p_{2\text{abs}} = p_2 + p_a - \rho_a g(z_2 - z_1) \tag{7-23}$$

式中 $p_a$——$z_1$ 处的大气压；
$p_a - \rho_a g(z_2 - z_1)$——$z_2$ 高程处的大气压。

代入式(7-21)，整理得：

$$p_1 + \frac{\rho v_1^2}{2} + (\rho_a - \rho) g(z_2 - z_1) = p_2 + \frac{\rho v_2^2}{2} + p_w \tag{7-24}$$

式中 $p_1$，$p_2$——静压；

$\dfrac{\rho v_1^2}{2}$, $\dfrac{\rho v_2^2}{2}$——动压；

$(\rho_a-\rho)g$——单位体积气体所受有效浮力；

$z_2-z_1$——气体沿浮力方向升高的距离；

$(\rho_a-\rho)g(z_2-z_1)$——1-1 断面相对于 2-2 断面单位体积气体的位能，称为位压。

式(7-21)就是以相对压强计算的气流能量方程。当气流的密度和外界空气的密度相同 $(\rho_a=\rho)$，或两计算点的高度相同$(z_2=z_1)$时，位压项为零，式(7-24)简化为

$$p_1 + \frac{\rho v_1^2}{2} = p_2 + \frac{\rho v_2^2}{2} + p_w \tag{7-25}$$

式(7-25)中的静压与动压之和称为全压。

当气流的密度远大于外界空气的密度$(\rho \gg \rho_a)$时，此时相当于液体总流，式(7-24)中 $\rho_a$ 可忽略不计，认为各点的当地大气压相同，式(7-24)化简为

$$p_1 + \frac{\rho v_1^2}{2} - \rho g(z_2 - z_1) = p_2 + \frac{\rho v_2^2}{2} + p_w \tag{7-26}$$

式(7-26)除以 $\rho g$，即

$$z_1 + \frac{p_1}{\rho g} + \frac{v_1^2}{2g} = z_2 + \frac{p_2}{\rho g} + \frac{v_2^2}{2g} + h_w \tag{7-27}$$

高度相同时，即 $z_1=z_2$，$z_1$ 处为速度为 0，忽略压力损失，则压力差也就是抽吸力可化简为

$$\Delta p = p_1 - p_2 = \frac{1}{2}\rho v^2 \tag{7-28}$$

式中　$q$——注气量，$m^3/s$；

$k$——系数，通常取 1~2；

$D_1$——排砂管线内径，m；

$D_2$——放气管线内径，m；

$\Delta p$——抽吸压力，Pa；

$\rho$——空气密度，取 1.29kg/m³。

[算例]　注气量 35m³/min，排砂管线内径 165mm，放气管线内径 60mm，代入参数得：

$$p_1-p_2 = \frac{1}{2}\rho v^2 = 0.5 \times 2.11 \times 1.29 \times \left[\frac{16 \times \dfrac{35}{60}}{\pi(0.165+0.06)^2}\right]^2 = 4692\text{Pa} \approx 0.00475\text{MPa}$$

在排砂管的三通注入口注入 35m³/min 的气体时，井口所产生的抽吸引导力为 0.005MPa，与理论计算数据误差 4%。

2. 抽吸量确定

对于等直径的排砂管线取微元段，则单元压耗为

$$dp = \gamma_m \frac{fv^2}{2gD_i}dL \tag{7-29}$$

式中 $D_i$——排砂管内径，m；

$dL$——排砂管 $L$ 处的长度增量，m；

$\gamma_m$——排砂管 $L$ 处混合物重度，N/m³；

$f$——摩擦系数。

混合物的重度可由式(7-30)得到。

$$\gamma_m = \rho_g g(1+r) = \frac{\gamma \rho M_g}{RT_{av}g}(1+r) \tag{7-30}$$

其中

$$r = \frac{w_s}{w_g} \tag{7-31}$$

$$w_s = \frac{\pi}{4} v_{pe} D_h^2 \rho_s g$$

$$w_g = \frac{spM_g}{RT_{av}g}Q \tag{7-32}$$

式中 $w_s$——固体的重量流量，N/s；

$w_g$——气体的质量流量，N/s；

$T_{av}$——流体温度，K；

$p$——压力，MPa；

$M_g$——气体的相对分子质量；

$\gamma$——气体的相对密度；

$r$——固、气中质量流量比；

$\rho_g$——气体的密度，kg/m³；

$\rho_s$——岩屑密度，kg/m³；

$s$——气体相对密度；

$Q$——抽吸的地层出气量，m³/s；

$v_{pe}$——钻速，m/h。

流体的速度为

$$v = Q\frac{p_0}{T_0}\frac{T_{av}}{p}\frac{1}{\frac{\pi}{4}D_i^2} \tag{7-33}$$

式中 $p_0$——标准状态的大气压力，$p_0=0.101325$MPa；

$T_0$——标准状态下的大气温度，$T_0=0$℃。

摩擦系数 $f$ 的修正公式：

$$f = \left[\frac{1}{1.74 - 2\lg\left(2\dfrac{\bar{e}}{D_i}\right)}\right]^2 \quad (7-34)$$

式中 $\bar{e}$——管内粗糙度，可取 0.02mm。

代入式(7-29)可得：

$$dp = \left(\frac{ap}{T_{av}} + \frac{abT_{av}}{p}\right)dL \quad (7-35)$$

其中

$$a = \frac{M_g g}{RQ}\left(sQ + \frac{\dfrac{\pi}{4}D_h^2 g\rho_s v \dfrac{v_{pe}}{3600}}{\dfrac{p_0 M_g}{RT_0 g}}\right) \quad (7-36)$$

$$b = \frac{f}{2g}\left(\frac{4}{\pi}\right)^2\left(\frac{p_0}{T_0}\right)^2 \frac{Q^2}{D_i^{5.333}} \quad (7-37)$$

积分式(7-35)得：

$$p = \left[\frac{p_0^2 + bT_{av}^2(e^{\frac{2aL}{T_{av}}} - 1)}{e^{\frac{2aL}{T_{av}}}}\right]^{0.5} \quad (7-38)$$

式中 $p$——需要的抽吸压力，Pa；
　　　$L$——排砂管线长度，m。

对于内径为 160mm，长度为 80m 的 7in 排砂管，在环境温度下不同储层产气量与井口压力的关系如图 7-11 所示。

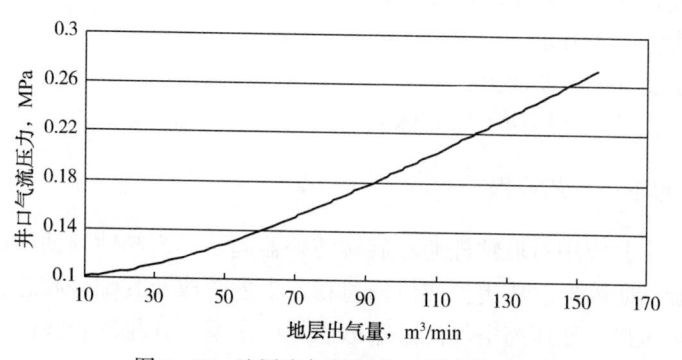

图 7-11 地层出气量与井口压力关系图

当地层出气量需要的抽吸压力小于设备产生的抽吸压力时，则地层出气全部被自吸装置吸走。根据计算在排砂管上的注气量为 35m³/min 时，所产生的抽吸引导力为 0.005MPa，地层的出气量达到 20m³/min 时需要抽吸压力也是 0.05MPa，则在地层出气量不超过 20m³/min 的条件下可以保证井口的安全起下钻作业，从而达到控制井口压力的目的。

### （六）井口压力控制法

**1. 旋转控制头总成密封控制法**

在正常钻进过程中，由于排砂管线是与井口连通的，进入储层后井口的压力只有 0.202MPa 左右，所以总成的设计要求能过 $\phi$165mm 接箍、密封 $\phi$127mm 钻杆、密封压力大于 0.202MPa，XK35-10.5/21 就可以满足要求。

在起下钻过程中，井底出气量达到工业气流时井口压力为 0.109MPa，通过开发能过 $\phi$214mm 稳定器、密封 $\phi$159mm 钻铤、密封压力大于 0.109MPa 的总成就可以实现深层储气层的起下钻作业，达到起下钻时的压力控制。

**2. 气流引导方法**

在钻进过程中，依照上述方法通过总成来对井口进行密封。

在起下钻过程中通过排砂管上的"气流引导方法"把从环空返出的气体通过排砂管内所形成的抽吸引导力，来对储层气进行引导处理，从排砂管中抽吸出去，最后把抽吸出来的气体在排砂管出口进行点火，这样就保证了井口人员的安全作业。

在起下钻过程中，只要能保证排砂管内所产生的抽吸引导力大于井口所承受的压力，就可以安全地完成起下钻作业。

该压力控制方法经在低产气层井应用，顺利地完成了钻遇差气层的欠平衡起下钻作业，并见到较好的应用效果。

### （七）导引头技术规范

根据大庆三开气体钻井钻具组合情况，一般使用满眼钻具组合，$\phi$214mm 的稳定器，$\phi$159mm 的钻铤。井口的"过稳定器总成"技术规范如下：

（1）能通过并密封 $\phi$214mm 的稳定器；
（2）能通过并密封 $\phi$159~$\phi$178mm 的钻铤；
（3）密封压力大于 1MPa；
（4）胶芯能承受 6~20kN 的力；
（5）可以安装在常规旋转防喷器壳体上。

### （八）欠平衡起下钻工艺流程

（1）起钻时，全井应用斜坡钻杆通过旋转防喷器起钻，当起钻到钻铤位置时，关闭闸板防喷器，把常规旋转防喷器总成更换成可通过稳定器的总成及其配合胶芯，同时在排砂管线出口，打开一台空压机，使压缩空气流经排砂管线的末端，在排砂管线的前端产生负压，抽吸井内的气体，使井内气体经排砂管线排放。

（2）钻头底部起至全封闸板防喷器以上 0.2~0.3m，关闭全封闸板防喷器。如果未装全封，则钻头到井口后关闭旋转防喷器试压塞，从而封闭井口。

（3）更换钻头或钻具。

（4）下钻时，通过引锥把钻具穿入胶芯，安装可通过稳定器的旋转防喷器总成及其配合胶芯，钻头下至全封闸板上方，打开全封闸板或旋转控制头试压塞，同时打开自吸装置，压力完全泄掉，然后继续下钻，通过钻铤之后，更换成常规的旋转防喷器总成和胶芯，继续下钻。

### (九) 可能出现的问题及处理措施

在整个作业过程中，最薄弱的环节是井口的"过稳定器总成"，因为它只能密封 1MPa 的力，而且总成只能保证稳定器从中穿过而不能完全密封，当稳定器经过胶芯时如果井口有硫化氢气体就可能通过稳定器的纹理渗透到钻台上，这样就会造成不可估量的后果。所以在起稳定器的过程中一定要保证排砂管线上的抽吸系统能力大于井下的出气量。地层气体含有硫化氢时禁止使用该装置。

"过胶芯引流"控制技术其操作简单，起下钻效率高，成本低，适合大庆深层差气层气体欠平衡钻井的要求。

# 第八章 气体钻井防斜技术

井斜问题是气体钻井面临的主要问题之一，制约了气体钻井的提速、提效。如 XS302 井气体钻井，由于井斜太大导致填井。四川油田、长庆油田都出现了气体钻井井斜难控制的问题，说明气体钻井井斜难控制是具有普遍性的问题，也是气体钻井推广应用的瓶颈问题。在提高钻井速度的同时控制井斜成为气体钻井的首要解决的问题之一。本章首先建立了气体钻井钻柱受力计算模型，从理论上对钻柱受力进行分析，然后根据气体钻井的特点（地层出水，井径扩大率大），在实践中总结规律，逐步解决了该问题。

## 第一节 气体钻井钻柱受力计算模型

### 一、基本假设

（1）钻柱处于线弹性变形状态。
（2）钻柱横截面为圆形或圆环形。
（3）下部钻具各结构单元的材料性质分段保持为常数。
（4）井壁与井眼轴线平行，在接触点或稳定器处对钻具刚性支撑。
（5）在切点以上钻柱躺在井壁下边。

### 二、坐标系

为了表达方便，采用了如下 3 个坐标系，如图 8-1 所示。

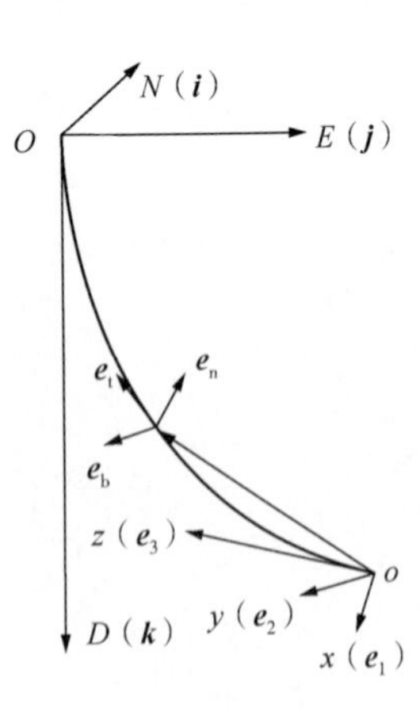

直角笛卡尔大地坐标系 $ONED$，原点 $O$ 取在井口处，$N$ 轴向北，单位矢量为 $i$；$E$ 轴向东，单位矢量为 $j$；$D$ 轴向下，单位矢量为 $k$。

自然曲线坐标系为 $(e_t, e_n, e_b)$，其中 $e_t$、$e_n$ 和 $e_b$ 分别为钻柱变形线的切线方向、主法线方向和副法线方向的单位向量。

直角笛卡尔井眼底部坐标系 $oxyz$，原点 $o$ 取在钻头处，$z$ 轴沿井眼轴线，指向钻柱上部，单位矢量为 $e_3$；$x$ 轴垂直于 $z$ 轴，指向井眼低边，单位矢量为 $e_1$；$y$ 轴由右手法则确定，单位矢量为 $e_2$。

图 8-1 坐标系

### 三、微分方程

下部钻具组合可视为纵横弯曲梁柱，左端为钻头、右端为切点，由 $n-1$ 个稳定器、变截面点、弯角和接触点分割成 $n$ 个独立结构单元,处于三维弯曲井眼里,受自重、钻压、扭矩、井壁支撑反力及钻井液静水压力等作用,产生空间弯曲变形。对于第 $i$ 段钻柱,该段钻柱上端井眼轴线坐标用 $\boldsymbol{r}_{oi} = X_i \boldsymbol{e}_1 + Y_i \boldsymbol{e}_2 + Z_i \boldsymbol{e}_3$ 表示;钻柱轴线用 $\boldsymbol{r}_i = U_i \boldsymbol{e}_1 + V_i \boldsymbol{e}_2 + W_i \boldsymbol{e}_3$ 表示;钻柱的内力用 $\boldsymbol{F}_i = F_{xi} \boldsymbol{e}_1 + F_{yi} \boldsymbol{e}_2 + F_{zi} \boldsymbol{e}_3$ 表示;单位长度钻柱上的外力用 $\boldsymbol{h}_i = q_i \boldsymbol{k}$ 表示;钻柱的内力矩用 $\boldsymbol{M}_i$ 表示;钻柱的抗弯刚度用 $E_i I_i$ 表示,钻柱的扭矩用 $M_{ti}$ 表示。通过平衡方程、本构方程和假设条件,推导出导向钻具三维小挠度静力分析微分方程组:

$$\begin{cases} E_i I_i U''''_i = -M_{ti} V'''_i + (q_i l \cos\alpha_i - B_i) U''_i + q_i U'_i \cos\alpha_i + q_i \sin\alpha_i \\ E_i I_i V''''_i = M_{ti} U'''_i + (q_i l \cos\alpha_i - B_i) V''_i + q_i V'_i \cos\alpha_i \end{cases} \quad (8-1)$$

$$\begin{cases} F_{xi} = -E_i I_i U'''_i - M_{ti} V''_i + (q_i l \cos\alpha_i - B_i) U'_i \\ F_{yi} = -E_i I_i V'''_i + M_{ti} U''_i + (q_i l \cos\alpha_i - B_i) V'_i \end{cases} \quad (8-2)$$

其中

$$( )' = \frac{\mathrm{d}( )}{\mathrm{d}l}$$

$$( )'' = \frac{\mathrm{d}^2( )}{\mathrm{d}l^2}$$

$$( )''' = \frac{\mathrm{d}^3( )}{\mathrm{d}l^3}$$

$$( )'''' = \frac{\mathrm{d}^4( )}{\mathrm{d}l^4}$$

$$B_i = B_1 - \sum_{j=1}^{i-1} (q_j L_j \cos\alpha_j - N_j f_a)$$

$$M_{ti} = M_{t1} - \frac{f_t D_w}{2} \sum_{j=1}^{i-1} N_j$$

$$f_a = \frac{2vf}{\sqrt{4v^2 + (\omega D_w)^2}}$$

$$f_t = \frac{\omega D_w f}{\sqrt{4v^2 + (\omega D_w)^2}}$$

## 四、边界条件及连续条件

下部钻具的边界条件包括钻头、稳定器、弯角、变截面、切点和井壁处的约束条件,其中稳定器、变截面、弯角都有与井壁接触和非接触两种状态。

### (一)钻头处约束条件

根据笛卡尔参考坐标系的取法,钻头位移为零,钻头与地层间无弯矩作用,即:

$$[U_1(0)]^2 + [V_1(0)]^2 + [U''_1(0)]^2 + [V''_1(0)]^2 = 0 \quad (8-3)$$

### (二)稳定器处约束条件

初始计算时假设稳定器接触下井壁,用稳定器与下井壁的接触压力进行验证。若接触压力大于零，即 $N_{xi}<0$，则稳定器靠在下井壁。否则，假设稳定器接触上井壁，用稳定器与上井壁的接触压力进行验证；若接触压力大于零，$N_{xi}>0$，则稳定器靠在上井壁。如果上述两种情况均不满足，则稳定器悬空，重新计算。

在各稳定器或接触点处，钻柱位于井眼中心或在某一方向上偏离井眼中心一定距离，稳定器两侧钻柱的位移及其一次导数连续、弯矩连续：

$$\begin{cases} U_i(L_i) = U_{i+1}(0) = X_i + e_{ci}\cos\delta_i \\ V_i(L_i) = V_{i+1}(0) = Y_i + e_{ci}\sin\delta_i \\ U'_i(L_i) = U'_{i+1}(0) \\ V'_i(L_i) = V'_{i+1}(0) \\ E_i I_i U''_i(L_i) = E_{i+1} I_{i+1} U''_{i+1}(0) \\ E_i I_i V''_i(L_i) = E_{i+1} I_{i+1} V''_{i+1}(0) \end{cases} \tag{8-4}$$

式中　$e_{ci}$——偏心距；

　　　$\delta_i$——偏斜角；

　　　$X_i$——稳定器或接触点处井眼轴线的 $x$ 方向的坐标；

　　　$Y_i$——稳定器或接触点处井眼轴线的 $y$ 方向的坐标。

### （三）切点处约束条件

钻柱在切点处的状态是很难精确计算的，但一般认为在切点处钻柱躺在井壁下侧，斜率和曲率与井眼轴线的斜率和曲率基本一致。

$$\begin{cases} U_n(L_n) = X_n + (D_w - D_{on})/2 \\ V_n(L_n) = Y_n \\ U'_n(L_n) \approx X'_n \\ V'_n(L_n) \approx Y'_n \\ U''_n(L_n) \approx X''_n \\ V''_n(L_n) \approx Y''_n \end{cases} \tag{8-5}$$

式中　$D_{on}$——切点处钻柱外径。

### （四）井壁约束

钻柱变形受到井壁的限制，对任意一点均必须满足：

$$\sqrt{(U_i - X)^2 + (V_i - Y)^2} \leq (D_w - D_{oi})/2 \tag{8-6}$$

式中　$D_{oi}$——$i$ 段钻柱外径。

### （五）钻头的侧向力

下部钻具力学分析的主要目的是计算出钻头的侧向力和钻头的转角，为井眼轨道控制与预测提供数据。

钻头的侧向力分为降井斜力和增方位力。

钻头的降井斜力

$$S_{x1} = -E_1I_1U_1'''(0) - M_{t1}V_1''(0) - B_1U_1'(0) \tag{8-7}$$

钻头的增方位力：

$$S_{y1} = -E_1I_1V_1'''(0) + M_{t1}U_1''(0) - B_1V_1'(0) \tag{8-8}$$

[算例]选择满眼钻具组合、光钻铤钻具组合、塔式钻具组合、双稳定器钟摆钻具在相同的井眼参数下不同钻压的情况下进行计算，计算结果如图8-2所示。

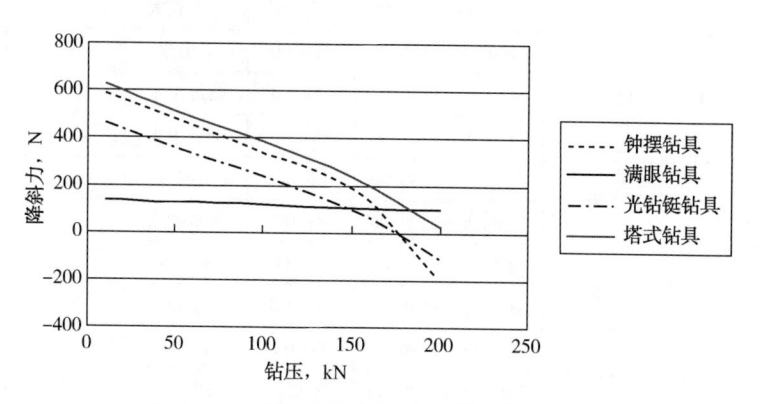

图8-2 4种钻具组合降斜力随钻压变化情况

## 第二节 气体钻井防斜的措施

### 一、气体钻井的钻具组合对井斜的影响

从图8-2中可以看出，满眼钻具是属于稳斜钻具，其降斜力小，随着钻压的变化，其降斜力变化不大。光钻铤和钟摆钻具在钻压小时，可获得较大的降斜力，随着钻压的增加，光钻铤其降斜力逐渐减少，钻压增加到一定值时，可能达到增斜效果。双稳定器钟摆随着钻压的增加，其降斜力下降幅度较小。考虑到井径扩大和地层造斜力因素，要控制井斜、释放钻压，适合应用满眼钻具组合。

### 二、出水对井斜的影响

地层出水后，岩屑变湿、结团下落，在近钻头位置黏附在下井壁，从而形成垫层，这种垫层可能造成井斜增大。当转换钻井液后，由于钻井液的黏滞作用，使得岩屑能够及时被带走，在下井壁形成垫层的机会就较小（近钻头附近）。大庆油田17口气体钻井的增斜率统计见表8-1。

17口井的增斜率进行加权平均统计得出：
（1）未出水平均增斜率为0.09°/30m；
（2）出水平均增斜率为0.23°/30m；
（3）微量出水平均增斜率为0.25°/30m；
（4）少量以上出水未转雾化平均增斜率为0.34°/30m；
（5）出水转雾化平均增斜率为0.14°/30m。

从上面的统计可以看出，出水对井斜的影响较大，出水后如果未转为雾化，则会影响井径，其产生的连锁反应对井斜有很大影响，转雾化后出水对井斜的影响相对减小。

表 8-1 大庆 19 口气体钻井出水及增斜率统计表

| 序号 | 井号 | 层位 | 井段，m | 进尺，m | 出水判断 | 是否转雾化 | 增斜率，(°)/30m |
|---|---|---|---|---|---|---|---|
| 1 | XS21 | Q1 段—D4 段 | 2550.00~2809.00 | 259.00 | 未出水 | | 0.039 |
| | | | 2809.00~2855.00 | 46.00 | 微量出水 | | 0.233 |
| | | | 2885.00~2918.00 | 63.00 | 出水较大 | | -0.12 |
| 2 | XS28 | D4 段—YC 组 | 3220.00~3416.00 | 196.00 | 未出水 | | 0.094 |
| | | | 3416.00~3570.00 | 154.00 | 微量出水 | | 0.002 |
| | | | 3570.00~3921.00 | 351.00 | 少量出水 | | 0.069 |
| 3 | XS29 | Q1 段—D4 段 | 2750.00~2836.00 | 86.00 | 未出水 | | 0.035 |
| | | | 2836.00~2925.00 | 89.00 | 出水较大 | | 0.063 |
| 4 | XS27 | Q1 段—D2 段 | 2850.00~3135.00 | 285.00 | 未出水 | | 0.416 |
| | | | 3135.00~3536.00 | 401.00 | 出水较大 | | -2.33 |
| 5 | XS24 | Q1 段—D4 段 | 2920.00~2980.00 | 60.00 | 未出水 | | 0.025 |
| | | | 2980.00~3140.00 | 160.00 | 出水较大 | 转雾化 | 0.163 |
| 6 | XS232 | Q1 段—D3 段 | 2880.00~2946.00 | 146.00 | 未出水 | | 0.319 |
| | | | 2946.00~3480.00 | 534.00 | 出水较大 | 转雾化 | 0.123 |
| 7 | XS141 | Q1 段—D2 段 | 2880.00~3308.00 | 428.00 | 未出水 | | 0.062 |
| | | | 3308.00~3434.00 | 126.00 | 出水较大 | | 0.139 |
| 8 | XS212 | Q1 段—D3 段 | 2920.00~3034.00 | 114.00 | 未出水 | | 0.117 |
| | | | 3034.00~3412.00 | 378.00 | 出水较大 | 转雾化 | 0.106 |
| 9 | XS213 | Q1 段—D2 段 | 2920.00~3391.00 | 521.00 | 未出水 | | 0.152 |
| | | | 3391.00~3513.00 | 122.00 | 少量出水 | | 0.25 |
| 10 | XS43 | D4 段—YC 组 | 2870.00~2884.00 | 14.00 | 未出水 | | -0.02 |
| | | | 2884.00~3635.00 | 751.00 | 出水较大 | 转雾化 | 0.11 |
| 11 | XS271 | Q1 段—YC 组 | 2850.00~2949.00 | 99.00 | 未出水 | | -0.303 |
| | | | 2949.00~3192.00 | 243.00 | 微量出水 | | 0.01 |
| | | | 3192.00~3950.00 | 758.00 | 少量出水 | | 0.254 |
| 12 | XS31 | Q2 段—D2 段 | 2600.00~2648.00 | 48.00 | 未出水 | | -0.09 |
| | | | 2648.00~3281.00 | 633.00 | 出水大 | 转雾化 | 0.302 |
| 13 | YS2 | D1 段—YC 段 | 3490.00~3800.00 | 310.00 | 未出水 | | 0.071 |
| | | | 3800.00~3900.00 | 100.00 | 微量出水 | | -0.126 |
| 14 | GS2 | Q1 段—YC 段 | 3250.00~3940.00 | 690.00 | 未出水 | | 0.201 |
| | | | 3940.00~4161.00 | 221.00 | 微量出水 | | 1.05 |
| | | | 4161.00~4771.00 | 610.00 | 少量出水 | | 0.697 |
| 15 | SS1 | D3 段—YC 组 | 1994.00~2531.00 | 537.00 | 未出水 | | 0.018 |
| | | | 2531.00~2532.28 | 1.28 | 出水较大 | | 0 |
| | | | 3782.00~3812.00 | 30.00 | 少量出水 | | -0.6 |

续表

| 序号 | 井号 | 层位 | 井段, m | 进尺, m | 出水判断 | 是否转雾化 | 增斜率, (°)/30m |
|---|---|---|---|---|---|---|---|
| 16 | GL1 | Q1 段—D2 段 | 3105.00~3268.00 | 163.00 | 未出水 | | 0.053 |
| | | | 3268.00~3854.00 | 586.00 | 微量出水 | | 0.104 |
| | | | 3854.00~4301.00 | 447.00 | 出水较大 | 转雾化 | 0.033 |
| 17 | XS42 | D4 段—YC 组 | 2910.00~3083.00 | 173.00 | 未出水 | | 0.103 |
| | | | 3083.00~3090.00 | 7.00 | 微量出水 | | 0.42 |

### 三、气体钻井井斜控制技术措施

通过以上分析，制定了气体钻井防斜措施：

（1）优化钻具组合和钻井参数，采取小钻压和方接头满眼钻具组合有效控制井斜；

（2）使用自动送压装置；

（3）开钻待大钻具进入新井眼 20m 后，正常钻进；

（4）进一步完善地层出水预测技术确定气雾转化时机。

通过使用以上措施，气体钻井井斜得到良好控制。

# 第九章 气体钻井事故预防及处理技术

由于钻柱受到静态和动态的应力作用,特别是动态共振和静态结合加速了钻柱的疲劳破坏,加上配套技术不完善,气体钻井前期出现了一些事故,见表 9-1。为解决这一问题,建立了动态力学分析模型,进行动态分析,避免了共振发生,减少了共振引起的疲劳破坏,再加上配套技术完善,解决了气体钻井事故多的问题。

表 9-1 气体钻井复杂统计

| 序号 | 井号 | 复杂形式 | 处理时间,h |
| --- | --- | --- | --- |
| 1 | XS302 | 井斜 | 932.50 |
| 2 | XS29 | 地层出水,憋压,卡钻 | 84.00 |
| 3 | XS27 | 钻铤倒扣,箭型回压阀断 | 555.50 |
| 4 | XS141 | 卡钻 | 8.00 |
| 5 | XS212 | 卡钻 | 39.50 |
| 6 | XS213 | 减震器心轴断 | 667.00 |
| 7 | XS42 | 加重钻杆断 | 29.17 |
| 8 | YS2 | 减震器心轴断 | 268.00 |
| 9 | GS2 | 卡钻卡死 | 1613.08 |
| 10 | GL1 | 起钻时卡钻 | 41.00 |
| 11 | DS9 | 划眼时卡钻 | 1246.00 |
| 12 | XS44 | 卡钻 | 15.00 |
| 13 | XS33 | 卡钻 | 527.00 |
| 14 | CS10 | 箭型回压阀断+断钻杆 | 482.50 |

## 第一节 气体钻井事故预防技术

### 一、气体钻井钻柱动态分析力学模型

#### (一) 钻柱动态力学模型

取从井口到井底的整个钻柱为研究对象建立如图 9-1 所示的钻柱动力学分析模型,它由钻铤、钻杆、接头、稳定器及减震器等钻具或井下工具任意组合而成,转速和钻压可以任意改变,作用于该钻具结构的载荷主要有:作为干扰力加在钻头上的钻压(稳定器处的干扰

力矩)、由钻柱运动引起的惯性力、钻井液引起的阻尼力、钻井液的阻力等。该模型做了如下的假设：

(1) 井底钻头处纵向为自由端，井口为固定端；

(2) 钻柱截面内外边界与井眼内壁都是刚性的，井眼和钻柱的横截面分别是圆形和圆环形的；

(3) 井眼轴线为直线；

(4) 钻柱是小变形的弹性体，并且在钻柱运动开始前，其轴线与井眼轴线重合，运动开始后可以偏离井眼轴线；

(5) 激振力主要振源在钻头处(扭振钻头稳定器都有)，且为随时间以一定的干扰力频率按正弦或余弦变化的谐振力；

(6) 水龙头、大钩、钢丝绳等一类的井口设备简化为一个等效单元，此单元的刚度和集中质量由实际情况人为等效给定。

**(二) 梁单元刚度矩阵和质量矩阵**

1. 直梁单元刚度矩阵

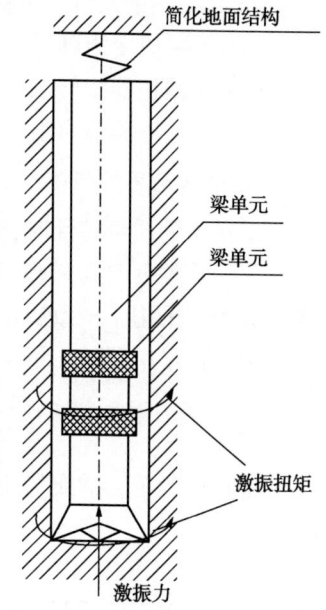

图 9-1 钻柱振动分析力学模型

把钻柱沿轴线离散为若干个空间直梁单元，离散后的每个空间直梁单元都具有抗拉压、抗弯曲、抗扭转刚度。由最小势能原理可推得单元振动平衡方程为

$$[K'_0]^e \{\delta'\}^e + [C']^e \{\dot{\delta}'\}^e + [M']^e \{\ddot{\delta}''\}^e = \{F'\}^e \tag{9-1}$$

对于一维纵振梁单元其刚度矩阵为

$$[K'_0]^e = \int_L [B]^T [D][B] \mathrm{d}l = \frac{EA}{L} \begin{bmatrix} 1 & -1 \\ -1 & 1 \end{bmatrix} \tag{9-2}$$

对于减振器：

$$[K'_0]^e = k_z \begin{bmatrix} 1 & -1 \\ -1 & 1 \end{bmatrix} \tag{9-3}$$

对于一维扭振梁单元其刚度矩阵为

$$[K'_0]^e = \int_L [B]^T [D][B] \mathrm{d}l = \frac{GJ}{L} \begin{bmatrix} 1 & -1 \\ -1 & 1 \end{bmatrix} \tag{9-4}$$

对于减振器：

$$[K'_0]^e = k_n \begin{bmatrix} 1 & -1 \\ -1 & 1 \end{bmatrix} \tag{9-5}$$

式中 $L$——单元的长度，m；

$[D]$——弹性矩阵；

$E$——弹性模量；

$A$——梁横截面积，m²；

$GJ$——为抗扭刚度；

$\{F'\}^e$——单元节点力向量；

$\{\delta'\}^e$——单元节点位移向量；

$[B]$——应变矩阵；

$k_n$——减振器扭转刚度；

$k_z$——减振器轴向刚度。

**2. 直梁单元质量矩阵**

确定结构的质量特性时，通常有两种方法：一致质量矩阵和集中质量矩阵。采用一致质量矩阵，计算精度要高一些，特别是对于细长杆件采用一致质量矩阵有更高的计算精度。因此在计算中，采用了一致质量矩阵，具体公式为：

一维纵振梁单元的质量矩阵：

$$[M]^e = \int_L \rho [N]^T [N] dl = \frac{m'L}{6}\begin{bmatrix} 2 & 1 \\ 1 & 2 \end{bmatrix} \tag{9-6}$$

一维扭振梁单元的质量矩阵：

$$[M]^e = \int_L \rho [N]^T [N] dl = \frac{IL}{6}\begin{bmatrix} 2 & 1 \\ 1 & 2 \end{bmatrix} \tag{9-7}$$

式中　$m'$——单元线质量，kg/m；

$\rho$——梁单元的密度，kg/m³；

$[N]$——直梁结构的形式函数。

$l$——单元线转动惯量。

**（三）组成系统刚度矩阵、质量矩阵和阻尼矩阵**

用动力有限元法进行振动分析，还要同时考虑井壁和钻井液对钻柱的阻尼作用，整体钻柱结构的振动方程为：

$$[M]\{\ddot{U}\} + [C]\{\dot{U}\} + [K]\{U\} = \{P_0\}\sin\omega_0 t \tag{9-8}$$

式中　$\omega_0$——钻头激振力频率；

$[M]$，$[C]$，$[K]$——钻柱结构的总体质量矩阵、总体阻尼矩阵和刚度矩阵；

$\{P_0\}$——干扰力（力矩）向量；

$\{\ddot{U}\}$，$\{\dot{U}\}$，$\{U\}$——节点加速度、速度和位移向量。

各单元的刚度矩阵和质量矩阵形成后，可组装成整体刚度矩阵和质量矩阵。对于阻尼矩阵，为了方便计算采用 Rayleigh 阻尼，即比例阻尼，结构振动式（9-8）中阻尼矩阵 $[C]$ 可以写为：

$$[C] = \alpha [K] + \beta [M] \tag{9-9}$$

式中　$\alpha$，$\beta$——任意比例系数，满足正交化条件，凭经验给定。

**（四）振型叠加法求解整体振动平衡方程**

1. 系统的固有频率和固有振型求解

不考虑阻尼影响的系统自由振动方程为：

$$M\ddot{U}(t) + KU(t) = 0 \tag{9-10}$$

其解假设为以下形式：
$$U(t) = \phi\sin\omega(t-t_0) \quad (9-11)$$

代入式(9-10)得：
$$K\phi - \omega^2 M\phi = 0 \quad (9-12)$$

由此式可以求出钻柱结构的 $n$ 个固有频率 $\omega_i$ 和 $n$ 个固有振型 $\phi_i(i=1, 2, \cdots, n)$。求固有频率和固有振型的问题在数学上很显然是求矩阵的全部特征值的问题，而对于一般工程结构产生的振动破坏，通常只是在较低的几个频率范围内发生的，较高的频率不会造成结构破坏，所以只要求出几个较低阶的固有频率即可(如前 $p$ 阶)。求结构的前 $p$ 阶固有频率和振型，大大提高了计算速度。固有振型有以下性质：

$$\phi_j^T M\phi_i = \begin{cases} 1, & (i=j) \\ 0, & (i \neq j) \end{cases} \quad (9-13)$$

$$\phi_j^T K\phi_i = \begin{cases} \omega_i^2, & (i=j) \\ 0, & (i \neq j) \end{cases} \quad (9-14)$$

**2. 确定干扰力的频率**

钻柱所受的干扰力频率很难准确给定。它与钻头结构、地层硬度和不均匀程度、钻柱长度(井深)和刚度等多种因素有关。

**3. 振型迭加法**

当求出全部的固有频率、固有振型及干扰力频率近似确定后，就可以用振型迭加法来求动力响应了。下面简述一下此法的原理。

则可将式中的 $\{U\}$ 用前 $q$ 个振型的组合来表示：
$$\{U\} = y_1\{\phi_1\} + y_2\{\phi_2\} \cdots + y_q\{\phi_q\} = [\phi]\{y\} \quad (9-15)$$

式(9-15)中各 $\{\phi_i\}$ 是固有振型，而各 $y_i$ 代表每一振型所占比例的大小，将式(9-15)代入式(9-8)可得：

$$[M][\phi]\{\ddot{y}\} + [C][\phi]\{\dot{y}\} + [K][\phi]\{y\} = \{P_0\}\sin\omega_0 t \quad (9-16)$$

对每一项都乘以 $[\phi]^T$ 就成为：

$$[M]^*\{\ddot{y}\} + [C]^*\{\dot{y}\} + [K]^*\{y\} = \{P_0\}^*\sin\omega_0 t \quad (9-17)$$

其中

$$\begin{cases} [M]^* = [\phi]^T[M][\phi], & [C]^* = [\phi]^T[C][\phi] \\ [K]^* = [\phi]^T[K][\phi], & [P_0]^* = [\phi]^T[P_0] \end{cases}$$

式(9-17)是一个 $q$ 阶的微分方程组，其特解为：

$$y_j = a_j\sin\omega_0 t + b_j\cos\omega_0 t \quad (9-18)$$

$a_j$ 和 $b_j$ 的具体表达式均可通过振型迭加法确定，此处略，将式(9-18)代入式(9-15)中，便得到 $\{U\}$ 的稳态解为：

$$\{U\} = [\phi]\{A\}\sin\omega_0 t[\phi]\{B\}\cos\omega_0 t = \{C\}\sin\omega_0 t + \{D\}\cos\omega_0 t \quad (9-19)$$

若要进一步计算结构的稳态动力内力，则应从式(9-19)出发，求得其响应内力，则该内力分量 $F_i$ 随时间的变化规律可表示为：

$$F_i = F_{1i}\sin\omega_0 t + F_{2i}\cos\omega_0 t = F_{i\max}\sin(\omega_0 t + \phi_i) \quad (9-20)$$

## (五) 算例

如图 9-2 所示为全井段中最大轴向振动力随转速的变化情况，可以看出在有些转速可能存在共振而造成的应力较大；如图 9-3 所示为扭转振动引起的钻头转速变化，钻头转速最小时，接近零，也就是不转动，最大时是地面的几倍。

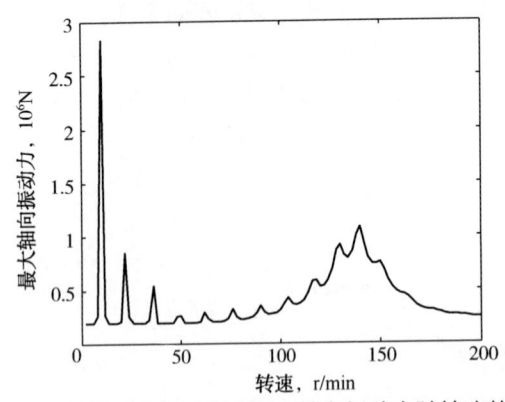

图 9-2 4000m 井深时整个钻具中最大轴向振动力随转速的变化情况

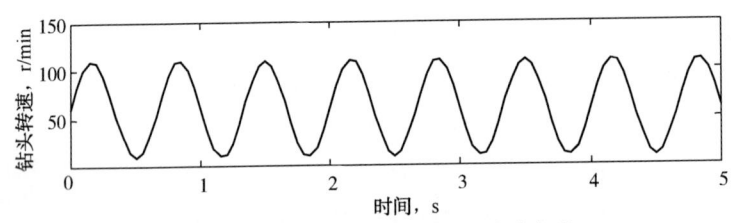

图 9-3 扭转振动时钻头转速的变化规律

## (六) 钻具螺纹联结特性的研究

钻柱的失效主要是连接螺纹部分，因此有必要对其整体和各个螺纹的受力进行分析。

1. 螺纹抗扭强度的计算

单台肩接头的抗扭强度计算公式：

$$T = \frac{SA_L}{12}\left(\frac{P}{2\pi} + \frac{R_T f}{\cos\theta} + R_S f\right) \tag{9-21}$$

式中：$A_L$——公螺纹基面横截面积，$m^2$；

$S$——螺纹的轴向应力，MPa；

$f$——摩擦系数；

$R_S$——台肩平均半径，m；

$R_T$——螺纹平均半径，m；

$P$——螺距，m；

$\theta$——螺纹锥角度，(°)；

$T$——上扣扭矩，kN·m。

## 2. 螺纹的受力模型

螺纹连接包括两个必不可少的部件——内螺纹和外螺纹。在上扣扭矩或轴向外载作用下螺纹牙间、接触台肩面上可能处于拉伸或压缩状态。把连接螺纹的每一圈螺纹牙模拟为一个弹簧单元，其模型如图 9-4 所示，根据受力分析，其平衡方程和变形协调条件为

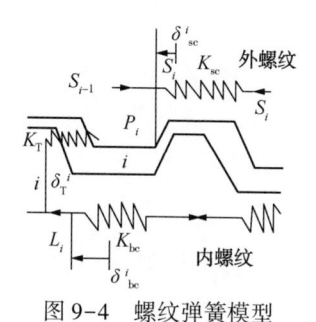

$$\delta_T^i - \delta_T^{i+1} + \delta_{ba}^I = \delta_{sc}^i \tag{9-22}$$

根据弹簧系数定义：

$$K_T = \frac{P_i}{\delta_T}$$

$$K_{bc} = \frac{L_i}{\delta_{bc}}$$

$$K_{sc} = \frac{S_i}{\delta_{sc}} \tag{9-23}$$

图 9-4 螺纹弹簧模型

所以可得：

$$S_{i+2} - \beta S_{i+1} + S_i = -S_0 \frac{K_T}{K_{bc}} \tag{9-24}$$

其中

$$\beta = 2 + K_T/K_{bc} + K_T/K_{sc}$$

边界条件：

$$S_0 = F$$
$$S_n = 0$$

根据弹性力学理论，确定第 $i$ 个螺纹单元有三个弹簧系数 $K_T^i$、$K_{bv}^i$、$K_{sc}^i$，其中

$$K_{sc}^i = E(D_{si}^2 - d^2)/(4P)$$

$$K_{bc}^i = E\pi(D_0^2 - D_{bi}^2)/(4P)$$

式中 $D_{si}$，$D_{bi}$，$d$ ——螺纹的外径，内径。

根据上述的模型和理论，对不同螺纹的受力进行了分析计算，如图 9-5 所示为 $\phi$159mm 钻铤 4A11/4A10 扣，扭矩 30000N·m 计算结果，其中螺纹序号是按距端面的远近进行排序的。

由图 9-5 可以看出，钻柱螺纹受力是不均匀的，靠近接触端面的螺纹受力较大。

### (七)钻柱疲劳强度条件

根据前面钻柱静态应力分析和动态应力分析及螺纹受力分析，可以算出钻柱的动态和静态应力和最薄弱处螺纹的应力。在某一循环特征 $r$ 下，钻柱某一截面的许用疲劳极限用下式计算：

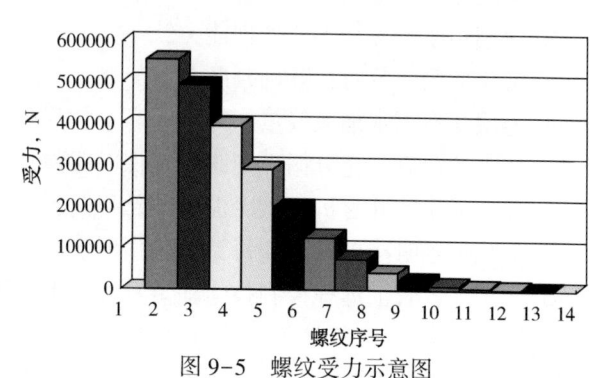

图 9-5 螺纹受力示意图

$$[\sigma_r] = \frac{2[\sigma_{+1}][\sigma_{-1}]}{(1-r)[\sigma_{+1}]+(1+r)[\sigma_{-1}]} \tag{9-25}$$

$$r = \frac{\sigma_m - \sigma_a}{\sigma_m + \sigma_a} \tag{9-26}$$

式中　　$r$——非对称应力循环特征值；

　　　　$[\sigma_r]$——钻柱材料疲劳强度，MPa；

　　　　$\sigma_m$——静态应力，MPa；

　　　　$\sigma_a$——动态应力，MPa；

　　　　$[\sigma_{+1}]$——不变(静)载荷的许用应力，MPa；

　　　　$[\sigma_{-1}]$——钻柱在对称应力循环状态下的许用持久极限，MPa。

$[\sigma_{-1}]$与钻柱材料强度极限$\sigma_b$和屈服极限$\sigma_s$之间存在一定的关系，可用如下经验公式表示：

$$\sigma_{-1} = 0.27(\sigma_s + \sigma_b) \tag{9-27}$$

钻柱材料的屈服极限$\sigma_s$和强度极限$\sigma_b$由钻柱材料机械性质确定，可由钻柱材料机械性质表查得。可由式(9-25)计算钻柱结构的许用持久极限$[\sigma_r]$，钻柱疲劳强度条件：

$$\sigma_{max} \leq [\sigma_r] \tag{9-28}$$

式中　　$\sigma_{max}$——钻柱最大工作应力。

钻柱最薄弱处不满足疲劳强度条件式(9-28)，钻柱可能产生疲劳破坏。

## 二、钻具失效预防措施

事故类型主要有钻具失效、井斜及地层出水三种类型，针对这三种复杂形式，制定了相应的技术措施，有效避免的复杂事故的发生。

（1）预防钻具事故措施。

① 优化钻具组合，避免应力集中，杜绝使用减震器及加重钻杆；

② 加强钻具检查制度，及时更换箭型回压阀及转换接头；

③ 进行临界转速计算，确定合理的转盘转速，避免发生共振。

（2）预防地层出水措施。

① 优选专用的空气钻井钻头，提高清洁效率；

② 使用顶驱，提高事故处理能力；

③ 强化监测，及时、准确判断井下异常；

④ 地层微量出水加大气量，降低泥环卡钻风险；

⑤ 接立柱前后，充分循环划眼，确保井眼畅通；

⑥ 确定雾化钻井时机，减少泥环卡钻风险；

⑦ 雾化钻进时接单根前和每钻完半根时实行定期扫塞的措施，确保井眼清洁；

⑧ 应用放气管汇远程控制技术、雾化泵进出液管汇，减少无效等停时间，提高雾化钻井连续供液能力。

气体钻井应用以上预防复杂事故措施后，无复杂事故发生，生产时间率100%,，大幅提高了气体钻井效率。

## 第二节　事故的应急预案

### 一、井塌应急预案

#### (一)气体钻井井段井眼坍塌处理

依据邻井钻井地质情况，对待钻气体钻井井壁稳定性进行预测，优选井壁稳定的井段，实施气体钻井的井段一旦发生井塌问题，按以下方法进行处理。

(1)如果出现轻微坍塌掉块，可以采用减慢钻进速度或进行划眼，要坚持"进一退二"的原则，防止卡钻，同时加大气体注入量，提高携带效率，满足井眼清洁的需要。在井下情况不明时，可采取起钻将钻具起到技术套管内，静止2~3h，再下钻将落到井底的掉块钻碎。

(2)如果地层出现严重坍塌，采取上述措施不能满足井眼安全钻井的要求，则立即停止钻进，将钻柱起至技术套管内，将配制好的钻井液注入井眼，建立正常钻井液循环，按常规的井塌处理方法进行处理。

(3)若发生卡钻后，灌满钻井液，保证井控安全后倒扣，按常规卡钻处理程序处理。

#### (二)转化介质后的井眼坍塌与对策

依据气体钻井井段黏土矿物分析和裂缝特征分析，气体钻井转换为钻井液后，发生裂缝剥落和黏土矿物引起的井壁水化膨胀与分散的井眼坍塌可能性不大。为防止该类问题的发生，应采取以下技术措施。

(1)在转换前，配制钻井液时，KFT、GWJ、YGT、YGY180的加量按设计上限执行，钻井液黏度为55~65s，失水小于3mL，沉降稳定性不超过$0.03g/cm^3$，钻井液密度按设计上限执行，加强转化为常规钻井后的井眼稳定性。

(2)在注入钻井液前，按设计先注入井壁保护液，然后下钻循环转换成常规钻井。

(3)注入钻井液后先低排量顶通后循环一周，调整好钻井液性能，在裸眼段起下钻应严格控制起下钻速度。

### 二、发生设备故障的应急方案

(1)立即停止钻进，视现场的具体情况，由现场实施组决定是否将钻具起至技术套管内。

(2)尽快组织技术人员抢修设备。

(3)如地层大量出水、气等现象，执行相应的应急预案。

(4)设备排除故障后，恢复循环，下钻。

(5)下钻发生遇阻时，要求划眼到底，各项参数恢复正常后，继续正常钻进。

### 三、钻进中机械钻速异常加快的应急预案

(1)应立即停止钻进，循环观察。

(2)各岗位人员要坚守各自的岗位，服从现场实施组的统一指挥。

（3）录井人员应尽快分析岩屑，向现场实施组提供准确的岩性相关参数，为下步施工提供依据，并加密采样次数。

（4）气测人员应及时分析采取的气样，尽快向现场实施组提供准确的气体全烃含量，为下步施工提供依据，并加密采样次数。

（5）司钻应负责活动钻具，密切观察悬重和立管压力的变化，发现异常应及时向现场实施组汇报。

（6）钻井液工应及时向现场实施组提供井内排出物的情况。

（7）现场实施组应根据各方面提供的资料，依据现场实际情况，及时确定下步施工方案。

### 四、卡钻和断钻具等复杂的应急预案

（1）在气体钻进过程中，如果发生卡钻，能建立循环，则停止注气，建立钻井液循环，根据不同的卡钻类型，采用不同的处理方法；如不能建立循环，只能倒扣后，注入钻井液，进行套铣处理。根据判断处理复杂所需要时间，决定是否再实施气体钻井。

（2）在气体钻进过程中，如果断钻具，根据发生断钻具的类型，采用相应的处理措施。根据判断处理复杂所需要的时间，决定是否继续实施气体钻井。

### 五、气体钻井其他应急预案

#### （一）气体泄漏应急措施

1. 地面管汇出现刺漏

停止注气，停钻。活动钻具同时更换刺漏管线。

2. 旋转控制头刺漏措施

（1）发出信号，停钻、停转盘，停止注气。

（2）上提钻具。

（3）放掉钻具内气体。

（4）停止钻井或起下钻作业，关闭环形防喷器。

（5）打开旋转控制头底座的泄压球阀，放掉旋转控制头与环形防喷器之间的压力，泄完压力后关闭球阀。

（6）拆掉轴承总成上的冷却液管线和润滑油管线，卸开卡箍的安全螺栓。

（7）打开液压卡箍。

（8）吊出方瓦，用气动绞车将轴承总成吊住。

（9）操作司钻控制台上的环形防喷器调压阀，缓慢降低环形防喷器的控制压力，直到环形胶芯出现轻微泄漏为止。

（10）缓慢上提钻具，注意观察指重表，将一根钻杆与轴承总成一起提出，放上方瓦，坐上吊卡。

（11）操作司钻控制台调压阀，将压力调至环形防喷器额定控制压力。

（12）卸开转盘上部钻具螺纹，从轴承总成中提出钻具。

（13）更换坏胶芯。

(14) 用气动绞车将轴承总成吊住,并在卸掉的钻杆下接头上装上引鞋。
(15) 将装好引鞋的钻具穿过轴承总成胶芯,然后卸掉引鞋。
(16) 钻具对扣接好。
(17) 上提钻具,去掉吊卡和方瓦,将轴承总成中央红色标记对准卡箍的开口,并检查底座内的密封圈是否完好。
(18) 操作司钻控制台环形防喷器调压阀,直至环形胶芯出现轻微泄漏为止。
(19) 缓慢下放钻具和轴承总成,将轴承总成重新坐入底座内。
(20) 关闭液压卡箍,上紧安全螺栓,接好冷却和润滑管线。
(21) 缓慢降低环形防喷器调压阀的控制压力,并注意观察监控箱上的井压表,当监控箱上的压力升至与节流管汇套压值一致时,打开环形防喷器,恢复钻进或起下钻作业。

### (二) 突遇大风及其对策

气体钻进过程中若钻进至含气井段时,出现刮风天气,如果风向使排放口(池)处于井场的上风口,这时是非常危险的,井场上的仪器和电器设备容易引燃井内排放的天然气,发生火灾或爆炸事故,对人和设备构成威胁,因此不能继续钻进,应立即停止钻进,将钻具提离井底。

井场上要安装风向标,以便及时掌握风向变化,提醒监督或工程技术人员。

气体钻进时,为保证安全,井场范围内凡达不到防爆要求的用电器,应全部停止使用和关闭。

### (三) 氮气钻进时,发现高产气流和压力升高对策

氮气钻进过程中,坐岗人员应连续监测火焰高度及压力的变化情况,如发现高产气流和压力迅速增加,应采取以下措施。

(1) 发出信号,停止转动,停止注气。
(2) 上提钻具,至第一根钻杆接头出转盘面 0.5m 以上。
(3) 打开液动平板阀,通过节流管汇放喷管线放喷点火。
(4) 关防喷器(先关环形防喷器,后关半封闸板防喷器)。
(5) 关节流阀,试关井,打开环形防喷器。
(6) 迅速向现场实施小组报告。
(7) 认真观察、准确记录压力变化。

### (四) 氮气钻进时,胶芯突然失效对策

氮气钻进过程中,值班人员应定时观察旋转控制头胶芯的密封情况,如胶芯突然失效应采取以下措施。

(1) 发出信号。停止转动,停止注气。
(2) 打开液动平板阀,通过节流管汇放喷管线放喷点火。
(3) 关环形防喷器。
(4) 转入更换胶芯程序。

## （五）氮气钻进时，井口意外着火及其对策

（1）司钻立即发出信号，停止转动，迅速停止供气。

（2）打开液动平板阀，通过节流管汇放喷管线放喷点火。

（3）如果条件允许应关环形防喷器，上提钻具，刹住刹把，消防人员使用灭火器灭火，其他人员迅速撤离钻台；如条件不允许，迅速刹住刹把，迅速撤离钻台，从远控台关环形防喷器；然后根据情况决定是否上提钻具，关半封闸板防喷器等措施。

（4）井场与抢险无关人员迅速从逃生路线撤离到安全区域。

（5）迅速组织人员抢险。

## （六）地层出二氧化碳应急程序及安全预案

（1）一旦二氧化碳探测仪或录井仪发出报警，立即通知司钻，并发出二氧化碳警报信号。

（2）听到警报信号后立即戴上氧气呼吸器。

（3）当班人员按"四·七"动作控制关井。

（4）应急抢险人员立即赶赴井场，按分工各行其职，同时将井上情况向甲方监督通报。

（5）救护人员戴好氧气呼吸器到岗位检查井口是否控制住，有无人员晕倒。

（6）若发现有人员晕倒，立即抬至空气流通处施行现场抢救，同时与挂钩医院联系。

（7）其他人员安全撤离到上风口集合地点。

（8）根据现场情况，现场实施小组制订方案并经气体钻井小组同意后实施。

（9）由钻井队队长和钻井工程师组织处理消除井内的二氧化碳外溢工作。

（10）若二氧化碳含量低于 $950mg/m^3$，可进行循环观察，决定是否恢复生产，若二氧化碳含量高于 $950mg/m^3$，则应循环压井，直到最终控制住气侵。

（11）险情解除后写出应急险情处理情况报告。

二氧化碳应急程序及安全预案溶性如图9-6所示。

## （七）地层出硫化氢应急程序及安全预案

（1）在施工过程中硫化氢外溢，当硫化氢浓度达到10mg/L时，硫化氢监测仪发出报警，司钻立即停止施工作业发出警报信号，同时向公司钻井井控应急小组和有关部门报告。

（2）如果硫化氢浓度在10~20mg/L，现场施工人员戴上防毒面具，通过循环排气等措施，及时转成常规钻井。非施工人员及距油气井井口0.5km范围内的居民要撤离到安全地区。

（3）立即向附近的消防和医院等救助部门请求支援，做好救助的准备。

（4）如果硫化氢浓度在10~100mg/L，现场施工人员戴上正压式呼吸器，迅速组织实施关闭井口防喷器（闸板或万能防喷器），适当打开节流阀（调节节流阀的开度，控制增加井底压力）循环排气，及时采取抗硫措施，及时转成常规钻井，在循环过程中始终保持排风扇运转，监测硫化氢的浓度。非施工人员及距油气井井口1km范围内的居民要撤离到安全地区。

（5）如果硫化氢浓度超过100mg/L，要及时关井。在关井期间，若压力迅速上升，超过关井允许套管值时，进行放喷点火，及时转成常规钻井。密切监测硫化氢的浓度，防止中毒或爆炸事故的发生，非施工人员及距油气井井口2km范围内的其他人员撤离到安全地区。

（6）实施救助人员要佩戴防毒器具和保护措施，在井场上风头做好实施应急救助的准备。

（7）实施点火作业时，点火人员要戴防护器具，并在上风方向，离火口距离不得少于10m，用远程点火装置进行点火。

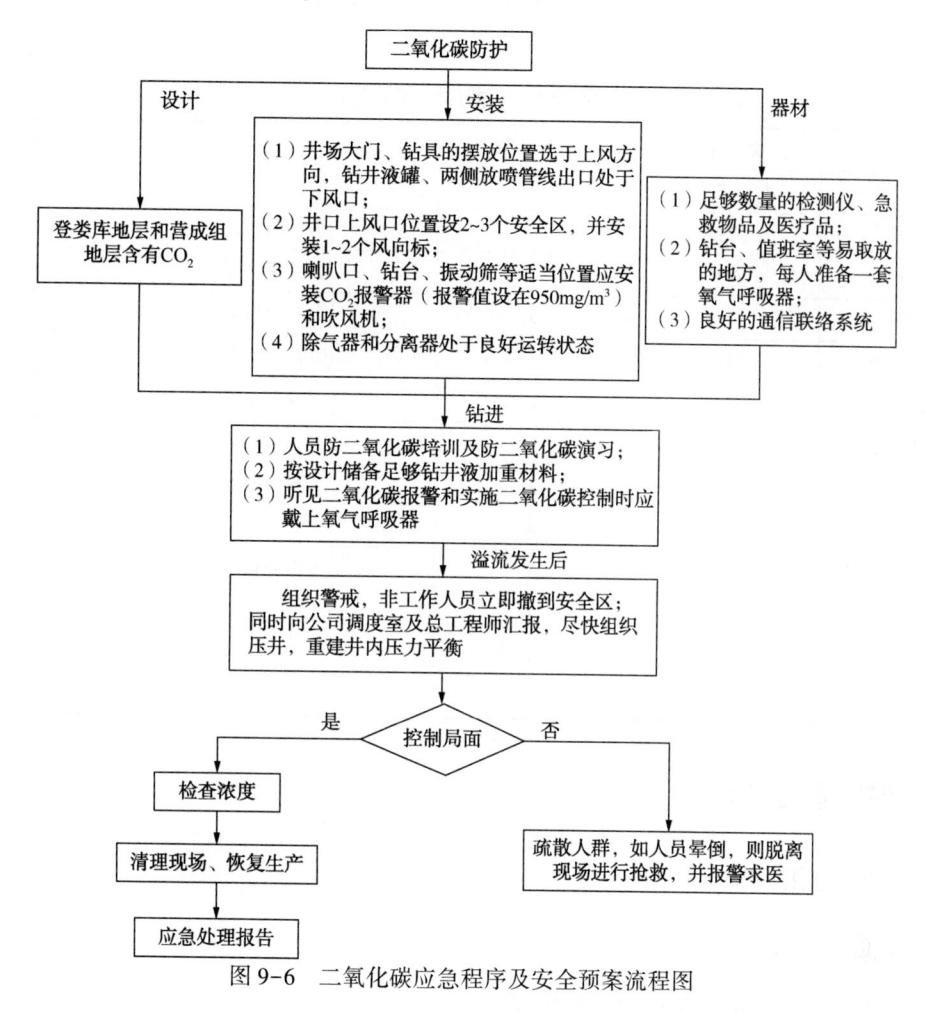

图 9-6 二氧化碳应急程序及安全预案流程图

## 第三节 气体钻井 HSE 设计

### 一、基本要求

（1）施工单位应遵守国家、当地政府有关健康、安全与环境保护法律、法规等相关文件的规定。

（2）施工单位的健康、安全与环境管理严格按石油天然气钻井健康、安全与环境管理体系指南行业标准执行。

（3）从事石油和天然气勘探钻井的作业公司要有一个行之有效的健康安全与环境管理体系。建立单井安全、环保风险分析，编制 HSE 例卷、按"两书一表"等具体要求进行 HSE 的例行检查和演练。每次大型施工作业，施工队伍应开展风险和危害识别，然后根据识别结果制定风险预防和消减措施，并编制事故风险应急反应计划进行演练。配备污染防治设施，污染物达标排放。

（4）施工作业队伍岗位按钻井工程劳动定额中的要求进行配置，关键岗位配置按表 9-2 执行。

表 9-2　关键岗位配置表

| 岗位 | 文化程度 | 工作年限 | 持证资质 | 备注 |
| --- | --- | --- | --- | --- |
| 井队长 | 大专或技校 | 8 | 井控合格证 | |
| 副队长 | 大专或技校 | 8 | 井控合格证 | |
| 钻井工程师 | 本科 | 5 | 井控合格证 | |
| 大班司钻 | 技校 | 5 | 井控合格证 | |
| 大班司机、电工 | 技校 | 5 | 井控合格证 | |
| 钻井液技师 | 技校 | 5 | 井控合格证 | |
| 柴油机司机 | 技校 | 5 | 井控合格证 | |
| 司钻 | 技校 | 4 | 井控合格证 | |
| 副司钻 | 技校 | 4 | 井控合格证 | |
| 井架工 | 技校 | 4 | 井控合格证 | |
| 钻井液工 | 高中 | 4 | | |
| 钻工 | 高中 | 4 | | |
| 场地工 | 高中 | 3 | | |

## 二、健康管理要求

### （一）劳保要求

劳动保护用品按有关规定发放，并按要求穿戴。

### （二）进入钻井作业区人身安全保护规定

（1）各施工队伍应对作业人员进行安全教育培训，制作作业安全标志牌、警示牌；作业人员应具备相应的安全意识和安全技能；特种作业人员应具有相应的资格证书。进入钻井作业区人员必须穿戴劳动保护用品。

（2）进入钻井作业区人员必须遵守作业区安全规定，操作人员要遵守安全操作规程。不能串岗、乱岗。作业人员不得在作业期间饮用酒类或者含酒精的饮料。

（3）井场禁止烟火，各施工队伍在作业过程中要按照有关要求和程序实施动火作业。各施工队伍按照国家和行业的要求储存、保管、运输易爆品、易燃品、危险品。

（4）食堂、宿舍、办公室卫生合格，购买的食品经过检验、检疫，食堂配备消毒柜，餐具按时消毒。

（5）各施工队伍按规定组织好安全检查，发现作业过程中的安全隐患、重大险情，应采取有效措施积极处理并报告相关部门。

### (三）钻井队医疗器械和药品配置要求

（1）按管理委员会和作业者的要求配备所需的医疗设备、器械和药品。
（2）医疗管理机构要健全，钻井队要配兼职或随队卫生员，医疗急救措施制定具体、可操作。
（3）医疗用品、常用药品配备齐全，并根据环境调查情况配备相应的防疫药品，根据钻井施工地域，季节特点配备相应的急救器材和药品。

### （四）饮食管理要求

（1）严格执行《中华人民共和国食品卫生法》，加强井队饮食管理，饮食卫生达到甲级标准。
（2）炊管人员必须持"健康合格证"上岗，并定期进行体检。炊管人员在工作期间应穿戴整洁的工作服和帽子，并要勤洗手。
（3）餐厅应保持整洁卫生。
（4）保持仓库和厨房的环境整洁，不准堆放杂物，不准存放腐烂变质食品。采取消除苍蝇、老鼠、蟑螂和其他有害昆虫及其滋生条件的措施。
（5）库房食品要离地离墙，不得和有害物品同放，无过期、变质食品存在。
烹调用具、餐具应清洗干净，并进行消毒。冰箱内部禁止存放药物、杂物，并且定期除霜，保持整洁，存放食物要生熟分开。
（6）作业区有干净水洗手洗脸，有专门地方吃饭。
（7）饮用水应符合国家生活饮用水水质标准。
（8）有饮食标准，每日有菜谱。

### （五）营地卫生要求

（1）生活区应设置垃圾桶，并定期清理桶内垃圾。
（2）营房宿舍保持干净、整洁，定期专人负责清扫。
（3）常驻人员卧具15天一换，临时人员卧具一客一换。
（4）宿舍内应有防鼠、防蟑螂和防蚊蝇措施。
（5）生活区及井场应有公共厕所，并定期清扫，保持清洁卫生。

### （六）员工的身体健康检查要求

（1）对员工经常进行宣传、教育与培训，不断提高员工的健康、安全与环境意识和水平。
（2）定期对员工进行体检，建立员工健康档案。
（3）不断提高员工自救互救水平和专业技能，保护人员健康和安全。
（4）注意膳食营养卫生和每日三餐进餐习惯，不暴饮暴食，作业期间不得饮酒，不食用不洁食品、饮料。
（5）不得滥用药物（成瘾或依赖性麻醉药物），禁止不洁行为。
（6）保证员工充足睡眠，注意劳逸结合。

### (七) 有毒药品及化学处理剂的管理要求

(1) 有毒物品与化学处理剂首先要区分开来，单库存放。

(2) 对有毒物品要有明显标识，防止误用。

(3) 有毒药品保管要专人负责保管，药柜、库房均要上锁。

(4) 有毒物品要密封好，防止泄露或散落。

(5) 使用有毒药品时，要办理有关手续，经单位主管领导或负责人审批签字后，方可使用。

(6) 岗位工人在使用有毒药品时要穿戴劳保用品(防毒面具、手套等)。

## 三、安全管理要求

### (一) 安全标志要求

(1) 井场入口处设置"进入井场须知"和"井场应急逃生路线图"。

井场、钻台、油罐区、机房、危险品仓库、净化系统、电气设备等处应有明显的安全标志牌，并应悬挂牢固。

(2) 根据需要设置安全防护栏、防护罩、扶梯和防滑、防碰、隔离设施以及其他设施。

(3) 要有专人挂牌管理，不准挪为他用。

### (二) 设备的安全检查与维护

(1) 钻井设备安装、操作和维护按相关标准执行。

(2) 开钻验收项目及要求按相关标准执行。

(3) 猫头及钢丝绳的安全要求按相关标准执行。

(4) 定期对主要设备、装置开展安全技术评估。

### (三) 易燃易爆物品的管理要求

(1) 易燃易爆物品要贴上标签，并由专人保管。

(2) 易燃易爆物品要分别存放，防晒通风和远离火源。

(3) 钻台上下，井口周围禁止堆放易燃易爆物品。

(4) 氧气瓶严禁粘有油污。

(5) 使用易燃易爆物品应符合安全要求。

(6) 防爆电气配置符合安全要求。

### (四) 井场灭火器材和防火安全要求

(1) 井场灭火器材的配备按相关标准执行，防火器材的配备应充分考虑气体钻井的特殊要求。

(2) 各种灭火器的使用方法和日期，放置位置要有明确标识。

(3) 灭火器应放在指定地点，并用标签注明类型、使用方法和有效日期。

(4) 井场内应按规定备足防火砂、干粉灭火器及其他防火器材，并有专人保管，定期检

（5）井场内禁止吸烟和使用明火，闲杂人员不许进入井场，重要部位及井场入口处要有明显的安全防火标志。

（6）油罐区、机泵房和钻台的电器设备、照明灯必须是防火、防爆型的。

（7）井队成立防火小组，由井队长负责。

（8）重大隐患，及时汇报，及时解决。

（9）防火安全要求按相关标准执行。

### （五）设备防冻要求

冬季施工，作业队伍必须配备取暖设备及防冻液等，对所有的设备做好防冻保暖工作，保证设备使用的安全可靠。

### （六）营地安全要求

（1）营房应设置烟火报警装置。

（2）营地应按消防配备灭火器具。

（3）营地所有照明、用电设备、电气线路应符合电气安装标准，每幢营房应装有过载、短路、触电保护和小于 $10\Omega$ 接地装置。

（4）营房内禁止存放和使用易燃易爆物品。

（5）营地应有防火制度和应急措施。

## 四、环境管理要求

### （一）钻前环境管理要求

钻前工程必须设计一个井场沉淀池，一个污水池，一个钻井岩屑临时堆放场、一个固体废弃物焚烧坑和生活区的一个生活污水排污池、生活垃圾坑。

### （二）钻井作业期间环境管理要求

（1）冲洗钻台、钻具，产生的污水要集中流入废液池。

（2）动力设备、水刹车等冷却水，要循环使用，节约用水。不能循环使用的，要避免被油品或钻井液污染。

（3）废水池要防渗处理，以免污染浅层地下水。

（4）生活垃圾集中深埋处理。

（5）井场废水池污水采用化学混凝沉降法处理，重复利用，回收率大于 $60\%$。

（6）井场废浆池足以收集事故溢出的钻井液或被置换的废钻井液。在任何情况下，钻井液不得排出井场，完井后固化处理。

（7）所有钻井液处理剂，应有专人负责严格管理，防湿、防潮，防止破损或由于下雨而流失。

## 五、空气钻井特殊要求

（1）必须穿戴可延缓燃烧的工服、工靴和安全帽。

（2）灭火器检查，灭火器应带有最近30天内制作的情况标签。

（3）要有听力保护的现场噪声等级标识。

（4）现场应有"小心——压缩空气"的标识。

（5）取样时必须戴护目镜，注意眼睛防护。

（6）设备防水油布必须保持清洁，尤其是上面不能有原油和柴油。

（7）在连接管线时要一直佩戴眼镜和听力保护装置。当卸开方钻杆时应转过头以免回流的碎屑伤害钻台上面操作人员的脸部。

（8）尽可能待在点火排放池安全区域的后方。点火排放池和取样装置附近禁止吸烟。

# 第十章 气体钻井应用案例

## 第一节 XS21 井

### 一、地层适应及经济性评价

该井完成于 2005 年，是大庆油田第一口气体钻井，当时还没有开展选层选井技术，只能根据常规钻井情况选择应用气体钻井的区块和层位。本井是通过专家会议论证方式选择的。选择 XS21 井 Q2 段以下进行气体钻井试验理由：(1) XS 气田深层 QT 组以下比较稳定没有易坍塌地层，可能适合气体钻井；(2) 常规钻井也很少出水，可能适合气体钻井；(3) 该区块深层常规钻井速度很慢，平均 1~2m/h，应用气体钻井可能大幅度提高钻速；(4) XS 气田布井较多，可选择试验井较多，将来推广效果也更好。

### 二、试验井基本情况

XS21 井基本情况见表 10-1。

表 10-1 XS21 井基本情况

| 队号 | XX150 | | | |
|---|---|---|---|---|
| 钻机型号 | ZJ70DB | | | |
| 钻井泵型号 | F1600×3 | | | |
| 设计井深 | 4545m | | | |
| 技套下深 | 2549m | | | |
| 钻杆 | 127mm 18°锥度钻杆（钢级 S135，最小内径 74mm） | | | |
| 空气钻井试验井段 | Q2 段至 D3 段底部 | | | |
| 井身结构 | | | | |
| 开钻次序 | 钻头尺寸×井深 mm×m | 套管尺寸×下深 mm×m | 套管下入地层层位 | 环空水钻井液返深 m | 备注 |
| 一开 | φ444.5×230 | φ339.7×230 | SFT | 地面 | 插入式固井 |
| 二开 | φ311.2×2550 | φ244.5×2549.5 | Q2 段 | 上部：地面<br>下部：2100 | 双密度固井 |
| 三开 | φ215.9×4545 | φ139.7×4542 | SHZ 组 | 一级：地面<br>二级：2500 | 连续分级固井 |

## 三、层段地质分层及岩性

XS21井地层岩性见表10-2。

**表10-2　XS21井地层岩性描述**

| 地层 | 深度，m | 厚度，m | 主要岩性描述 |
|---|---|---|---|
| Q2 段 | 2745 | 310 | 暗紫、绿灰、灰绿色泥岩，灰紫、灰色泥质粉砂岩、粉砂岩呈不等厚互层色 |
| Q1 段 | 2945 | 200 | |
| D4 段 | 3075 | 130 | 暗紫色泥岩、粉砂质泥岩与紫灰色泥质粉砂岩、粉砂岩呈不等厚互层 |
| D3 段 | 3305 | 230 | 暗紫色、灰绿色泥岩，粉砂质泥岩与灰色、绿灰色泥质粉砂岩，粉砂岩呈不等厚互层 |

## 四、气体钻井设备

气体钻井设备相关参数见表10-3。

**表10-3　XS21井气体钻井设备参数**

| 序号 | 名　称 | 规　格 | 数量 | 备注 |
|---|---|---|---|---|
| 1 | 空气压缩机 Ingersoll-Rand | IR XHP900SCAT | 4台 | 技术参数：单台；额定排量25.4m³/min；额定排出压力350psi |
| 2 | 增压器 Hurricane | 6T-414-62B-1850/1800 | 2台 | 技术参数：单台；额定排出压力1850psi；额定排量51m³/min |
| 3 | 智能型气体流量计 Honeywell | SMV3000 | 1套 | |
| 4 | 控制管汇 Cubex | 气动、手动控制 | 1套 | |
| 5 | 排屑管线 | 7in 90m | 1套 | |
| 6 | 气体注入管汇 | 3in 80m | 1套 | |

## 五、空气钻井钻具组合

$\phi$215.9mmBIT×0.24m+$\phi$215mmSTB×1.51m+$\phi$159mmJHF×0.78m+$\phi$159mmSDC×1.38m+$\phi$214mmSTB×1.39m+$\phi$159mmDC×9.49m+$\phi$214mmSTB×1.39m+$\phi$159mmSJ×6.10m+$\phi$159mm×252.50m+410/4A11SUB×0.50m+$\phi$127mmHWDP×139.31m+$\phi$127mmDP。

## 六、气体钻井过程

### （一）气举

为了节省时间采用先充气排液过渡到纯气体排液的方法。首先充气，气体排量45m³/min，液体排量0.8m³/min。为了排砂管的安全，气举后期由于会出现井内气体膨胀导致地面排液管内充气液快速流动使振动加剧，而采用暂时走放喷管线排液，井内液体排出后，再走排砂管线。气举期压试验井的立压变化如图10-1所示。

## (二) 干燥井眼

气举之后，排出口有水雾和水滴，继续用 45m³/min 排量空气进行干燥 6h，出口依然有水滴，改为 90m³/min 排量空气继续干燥 3h，排出口排出完全是干气，干燥完成。

## (三) 干空气钻进及出现的问题和处理

钻井井段：2550~2918m。钻井参数：钻压 40~120kN，转速 50~60r/min，注气量 90~95m³/min，立压 2.4MPa。该段钻井进尺 368m，平均机械钻速 12.7m/h。

从 2550~2810m 为粉尘钻进，其间出口为粉尘，注入压力、扭矩基本稳定，注入压力 308psi，正常扭矩 6.2~6.5kN·m。从 2810m 开始，扭矩逐渐增加，出口粉尘逐渐减少。至 2850m，注入压力开始增加，出口无粉尘，钻进到 2855.05m 出口仍无改善（图 10-2），决定短起钻 15 柱。起钻发现钻杆表面湿润、有薄滤饼黏附。下钻到 2809m 遇阻（井深 2855.05m），划眼开转盘困难，上下活动钻具困难，注气循环，注入压力逐渐升高至 10MPa，停气憋压，5min 注气压力缓慢下降至 7.56MPa 稳定，放气。开始泵入钻井液，钻井液循环正常，带出大量岩屑。

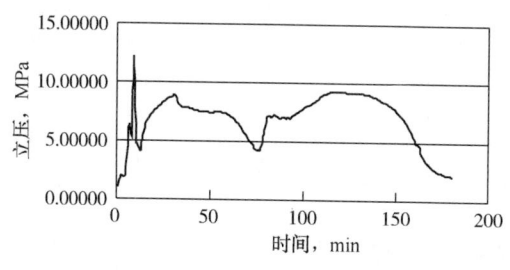

图 10-1 气举期间立压的变化

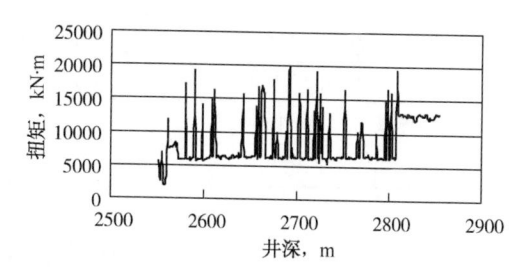

图 10-2 井深 2551~2855m 的扭矩变化

## (四) 地层出水后的空气钻进

起钻换成无稳定器钻具组合，下钻划眼到井底，循环，起钻到技套，第二次气举。第二次气举试验井立压变化如图 10-3 所示。

下钻到井底，气举完剩余的钻井液，干燥井眼 24h，出口依然有水雾和水滴，怀疑是地层出水，试钻进，出口没有粉尘，后来有液滴和雾状湿气，扭矩持续增大，出水、无粉尘、注气压力升高、钻时变慢，至 2918m 钻具严重阻卡（图 10-4）。无法活动钻具，被迫替完钻井液，替完钻井液后，解卡，悬重恢复正常，该段平均机械钻速为 10.55m/h。

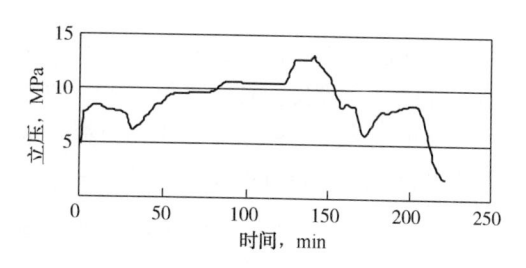

图 10-3 第二次气举立压变化

## (五) 充气钻进

决定改为钻井液充空气钻井，井段为 2918~3001m，钻井层位 Q1 段、D4 段。在该段试验了四种气液比即 65:1，56:1，50:1 和 46:1 的充气钻井。钻压为 160~200kN，转速为

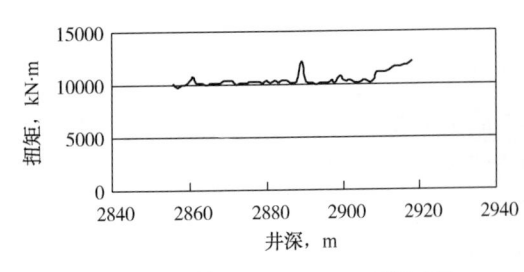

图 10-4 井深 2855~2918m 扭矩变化

70r/min，立压为 4.0~6.0MPa，注气量为 46m³/min，钻具组合和地层出水空气钻井相同。充气钻井扭矩立压比较平稳。

空气钻井试验历时 8 天时间，实际纯钻进时间 2.05 天。采用空气、不同气液比的充气钻井共 451m。平均机械钻速为 9.15m/h，取得了较好的试验效果。

## 七、气体钻井效果

该井是大庆油田第一口气体钻井，使用牙轮钻头钻井时，空气钻井机械钻速比常规钻井机械钻速有很大幅度的提高，提高了 6.03 倍，钻头用量减少 2 只。但由于地层出水造成井段较短，钻井周期包括安装设备时间，没有减少。

Q2 段至 D4 段 XS25 井常规钻井机械钻速与 XS21 井空气及充气钻井机械钻速对比见表 10-4。

表 10-4 XS21 井气体钻井与 XS25 常规钻井相同井深(2550.00~2918.00m)对比

| 井号 | 钻井方式 | 机械钻速 m/h | 提高倍数 | 钻井周期 d | 周期差值 d | 钻头用量 个 | 钻头差值 个 | 钻进成本 万元 | 节约成本 万元 |
|---|---|---|---|---|---|---|---|---|---|
| XS25 | 常规钻井 | 1.74 | 6.30 | 15 | -0.51 | 4 | 2 | 150 | -30 |
| XS21 | 气体钻井 | 12.71 | | 15.51 | | 2 | | 180 | |

# 第二节 XS271 井

## 一、地层适应和经济性评价

该井是 2007 年的一口气体钻井，由于有了近两年的研究和经验，初步建立了气体钻井选层选井技术，因此效果有了大幅度提高，经济效益也体现出来。地质适应性和经济评价如下。

（1）该区块深层常规钻井较慢，平均 1m/h 左右，该井从 2800~3900m 有 1100m 适合气体钻井井段，井段长，有望获得比较好的经济效益。

（2）出水量少，根据邻井测井数据，进行了出水的预测，虽有小水层，可通过微量出水钻进技术解决，预测与实际对比见表 10-5。

表 10-5 预测的 XS271 井气体钻井出水情况

| 序号 | 工作状态 | 实钻出水情况 ||||| 预测出水情况 ||
|---|---|---|---|---|---|---|---|---|
| | | 出水井深 m | 扭矩 kN·m | 憋压最高 MPa | 出水描述 | 处理方法 | 出水井段 m | 出水量 m³/h |
| 1 | 钻进 | 2949.27 | 15~16 | 2.30 | 录井捞沙口岩样潮湿 | 循环干燥 | 无测井数据 | |

续表

| 序号 | 工作状态 | 实钻出水情况 ||||| 预测出水情况 ||
|---|---|---|---|---|---|---|---|---|
| | | 出水井深 m | 扭矩 kN·m | 憋压最高 MPa | 出水描述 | 处理方法 | 出水井段 m | 出水量 m³/h |
| 2 | 循环 | 3090.56 | | 2.00 | 排砂管线内气体潮湿 | 循环干燥 | 3033.8~3037.4<br>3068.0~3072.4 | 0.92<br>0.45 |
| 3 | 钻进 | 3120.00 | 16~17 | 2.14 | 出口粉尘潮湿 | 继续钻进 | | |
| 4 | 下钻 | 3130 | | 2.37 | 下钻遇阻，粉尘潮湿，出口见小水流 | 循环干燥 | 3096.8~3117.2 | 1.57 |
| 5 | 钻进 | 3142.00 | 16~17 | 2.48 | 粉尘潮湿 | 继续钻进 | | |
| 6 | 钻进 | 3156.84 | 17~18 | 3.00 | 录井岩样潮湿 | 继续钻进 | | |
| 7 | 循环 | 3156.89 | | 3.27 | 排砂口水成细流 | 循环干燥 | | |
| 8 | 循环划眼 | 3165.27 | 16~17 | 2.11 | 出口潮湿 | 继续钻进 | 3134.6~3146.2 | 0.33 |
| 9 | 循环 | 3192.70 | | 2.10 | 排砂口出水成流 | 循环干燥 | 3191.6~3198.4 | 1.22 |
| 10 | 下钻 | 3390 | | 2.85 | 下钻遇阻，粉尘潮湿，后出口见小水流 | 循环干燥 | 3218.0~3223.0<br>3225.8~3229.0 | 1.53<br>0.95 |
| 11 | 循环 | 3630.00 | | | 排砂口出水成流 | 循环干燥 | | |
| 12 | 钻进 | 3861.00 | 14~15 | 2.81 | 岩屑有些潮湿 | 继续钻进 | 没有相应测井数据 | |
| 13 | 下钻 | 3895 | | 2.77 | 下钻遇阻，循环划眼有小水流 | 循环干燥 | | |
| 14 | 短起 | 3907 | | 2.42 | 排砂口出水成流 | 循环干燥 | | |

（3）井壁稳定预测：该井应用气体钻井井段稳定性较好，预测结果及测井井径曲线如图10-5所示。

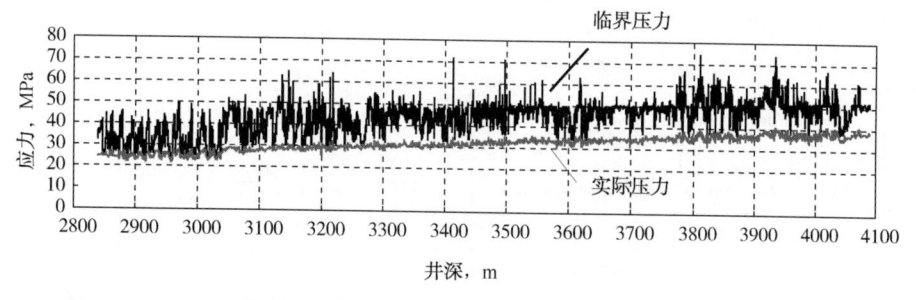

图10-5 XS271井井壁稳定预测分析

（4）经济性评价：经济性分析如图10-6所示，超过600m就能获得经济效益，该井有1100m井段，有望获得好的经济效果。

由于该井井壁稳定性好，出水量少，井段又长获得经济性的可能性很大，所以应用气体钻井。

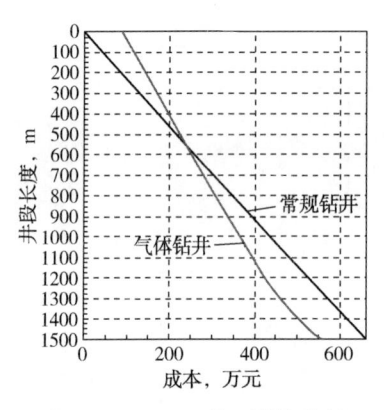

图 10-6  XS271 井经济性分析

## 二、基本情况

XS271 井基本情况见表 10-6。

**表 10-6  XS271 井基本情况**

| 队号 | XX109 |
|---|---|
| 钻机型号 | ZJ50D |
| 钻井泵型号 | F1600×3 |
| 设计井深 | 4095m |
| 技套下深 | 2850m |
| 钻杆 | 127mm18°锥度钻杆（钢级 S135，最小内径 74mm） |
| 空气钻井试验井段 | Q2 段至 D3 段底部 |

| 井身结构 ||||||
|---|---|---|---|---|---|
| 开钻次序 | 钻头尺寸×井深 mm×m | 套管尺寸×下深 mm×m | 套管下入地层层位 | 环空水钻井液返深 m | 备 注 |
| 一开 | $\phi$444.5×320 | $\phi$339.7×319.7 | SFT | 地面 | 插入式固井 |
| 二开 | $\phi$311.2×2850.00 | $\phi$244.5×2848.36 | Q2 段 | 上部：地面<br>下部：2100 | 双密度固井 |
| 三开 | $\phi$215.9×4320 | $\phi$139.7×4319 | SHZ 组 | 一级：地面<br>二级：2500 | 连续分级固井 |

## 三、地层和岩性

XS271 井地层岩性描述见表 10-7。

表 10-7  XS271 井地层岩性描述

| 地质分层 ||| 深度 m | 厚度 m | 主要岩性描述 |
|---|---|---|---|---|---|
| 系 | 组 | 段 | | | |
| 第四系 ||| 28.0 | | 顶部为黑灰色腐殖土，其下为灰黄色黏土，粉、细粒流砂层 |
| 古近—新近系 | TK 组 | | | | |
| ^ | DA 组 | | | | |
| ^ | YA 组 | | | | |
| 上白垩统 | MS 组 | 二段 | | | M1 段为灰绿色泥岩与杂色砂质砾岩组成两个正旋回 |
| ^ | ^ | 一段 | 76.0 | 48.0 | ^ |
| ^ | SFT 组 | | 344.0 | 268.0 | 绿灰色泥质粉砂岩，粉砂岩与紫红色、灰绿色泥岩，粉砂质泥岩呈不等厚互层 |
| 下白垩统 | NJ 组 | 五段 | 517.0 | 173.0 | N5、N4 段为紫红色、灰绿色、深灰色泥岩与绿灰色、灰色泥质粉砂岩，粉砂岩呈不等厚互层。N3 段为深灰色、黑灰色泥岩与灰色泥质粉砂岩、粉砂岩组成三个反旋回。N2 段为大段暗色泥岩，底部见黑褐色油页岩，为盆地内区域标准层。N1 段为大段暗色泥岩夹薄层黑褐色油页岩、深灰色介形虫层 |
| ^ | ^ | 四段 | 827.0 | 310.0 | ^ |
| ^ | ^ | 三段 | 944.0 | 117.0 | ^ |
| ^ | ^ | 二段 | 1165.0 | 221.0 | ^ |
| ^ | ^ | 一段 | 1283.0 | 118.0 | ^ |
| ^ | YJ 组 | 二、三段 | 1400.0 | 117.0 | Y2、Y3 段岩性为深灰色泥岩、粉砂质泥岩与灰色泥质粉砂、粉砂岩呈不等厚互层。Y1 段为深灰色泥岩、粉砂质泥岩与灰色粉砂岩呈不等厚互层 |
| ^ | ^ | 一段 | 1440.0 | 40.0 | ^ |
| ^ | QSK 组 | 二、三段 | 1841.0 | 401.0 | 岩性主要为深灰色泥岩与灰色粉砂岩呈不等厚互层，底部为三组黑褐色劣质油页岩 |
| ^ | ^ | 一段 | 1917.0 | 76.0 | ^ |

## 四、气体钻井设备

XS271 井气体钻井设备见表 10-8。

表 10-8  XS271 井气体钻井设备

| 序号 | 名称 | 型号 | 单位 | 数量 | 备注 |
|---|---|---|---|---|---|
| 1 | 增压机 | Konxwestern/E3430 | 台 | 4 | 240m³ |
| 2 | 空压机 | Sullair 1500/350 | 台 | 6 | 240m³ |
| 3 | 制氮设备 | MD40 | 台 | 3 | 120m³ |
| 4 | 地面管汇系统 | 设备配套 | 套 | 1 | |
| 5 | 立管管汇系统 | 设备配套 | 套 | 1 | |
| 6 | 排砂管线 | 通径 φ220mm，长 120m | 套 | 1 | 含点火装置 |
| 7 | 控制系统 | 设备配套 | 套 | 1 | |
| 8 | 注气系统数据采集 | 设备配套 | 套 | 1 | |
| 9 | 旋转控制头及井口流程 | XK35-10.5/21 | 套 | 1 | |
| 10 | 旋转总成 | XK35-10.5/21 配套 | 套 | 2 | |
| 11 | 液气分离器 | YQF-8000 | 台 | 1 | |

续表

| 序号 | 名称 | 型号 | 单位 | 数量 | 备注 |
|---|---|---|---|---|---|
| 12 | 胶芯 | φ127mm | 套 | 10 | |
| 13 | 多功能氮气监测仪 | | 台 | 1 | |
| 14 | 六方钻杆及补心 | | 个 | 1 | |
| 15 | 燃烧管线 | φ203 mm | 套 | 1 | 带防回火装置 |
| 16 | 强制箭形回压阀 | φ159mm、φ165mm | 个 | 各4 | ≥70MPa |
| 17 | 投入式止回阀 | φ159mm | 个 | 1 | |
| 18 | 降尘水泵 | 3kW | 个 | 2 | |
| 19 | 降尘水罐 | 20~30m³ | 个 | 1 | |
| 20 | 台肩钻杆 | 5in×18° | m | 999 | |
| 21 | 立管转换接头 | 2⅞in | 个 | 1 | ≥20MPa |
| 22 | 双向减振器 | φ159mm | 个 | 1 | ≥70MPa |
| 23 | 甲烷监测报警仪 | | 个 | 3 | 钻台和录井口 |
| 24 | 防爆排风扇 | ≥5kW | 个 | 3 | 钻台和录井口 |
| 25 | 消防器材 | | | | 按欠平衡标准配置 |
| 26 | 正压式空气呼吸器 | | | | 按规定配置 |

## 五、钻具结构

φ215.9mmBIT（Q537CG 牙轮）×0.24m + φ214mmSTB×1.50m + φ159mmSDC×1.38m + φ214mmSTB×1.38m + φ159mmDC×9.35m + φ214mmSTB×1.38m + φ165mmJHF×0.88m + φ159mmSJ×4.10m + φ159mmDC×269.99m + φ127mmDP。

## 六、气体钻井过程

### （一）气举和干燥

2007 年 10 月 24 日 0：44 开始气举（井眼内清水），使用 2 台空压机和 1 台增压机，钻井液泵小排量循环，04：05 气举结束，开始干燥井眼，08：15 干燥井眼结束。

### （二）牙轮钻头钻进

1. 第一支钻头情况

满眼钻具组合（Q537CG），至 10 月 29 日 4：50 井深 3156.89m，钻井进尺 306.89m，纯钻时间 62.49h，平均机械钻速 4.9m/h。钻井参数：钻压 20~80kN，转速 60r/min，扭矩 15~17kN·m，排量 100~145m³/min，立压（注压）1.7~2.7MPa。在 2932m 后开始间断有潮湿的粉尘，但可以干燥。钻进到 3156.89m 按照要求起钻换钻头，起钻检查，起出的钻头磨损较严重，外径 215mm（无掉齿），牙轮手动可轻松转动，$Y_2Z_2J_1$；稳定器直径 213mm。

2. 第二支钻头情况

第二趟钻换钻头下钻钻具组合为满眼钻具组合（HJT617GH），10 月 29 日 23：40 下钻到

3130m 遇阻(150kN)，差 26m 到井底，接方钻杆循环(3 空压机、2 增压机)，排量 123m³/min，注压 2.37MPa，粉尘潮湿，后出小水流，10min 后变成水滴，干燥 2h 变成水雾，划眼 26m，返出粉尘干燥。30 日 7:40 开始钻进，11 月 2 日 15:00 钻进至 3440.14m。循环起钻换钻头，检查钻具，起出钻头外径 215.6mm(无掉齿)，牙轮单手可以活动，尺高 1/4；稳定器直径 212mm，钻进过程中粉尘干燥。

3. 第三支钻头情况

第三趟钻换钻头下钻钻具组合为满眼钻具组合(HJT637GH)，更换了全部稳定器、短钻铤、箭型回压阀、减震器及旋塞。11 月 3 日 12:53 下钻到 3390m 遇阻(100kN)，差 50m 到井底，接方钻杆循环(4 空压机、2 增压级)，注气量 140m³/min，注压 2.85MPa，粉尘潮湿，14:12 出口见小水流，15:00 出口粉尘干燥，但砂子粉尘较多，循环至 17:00 正常，开始恢复钻进。11 月 6 日 7:25 钻进至 3658.92m 循环起钻换钻头，检查钻具，起出钻头外径 215mm(无掉齿)，牙轮单手可以活动，尺高 3/4；稳定器外径 211.5mm，钻进过程中粉尘干燥。

4. 第四支钻头情况

第四趟钻下的是 HJT637GH 钻头，更换了 1 号稳定器和短钻铤，11 月 7 日下钻至 3640m 遇阻，循环划眼有小水流，8:47 划眼到底，9:13 开始钻进，钻压 50~80kN，气量 149m³/m，压力 2.9MPa，9 日 9:30 空气钻进到 3867.78m，准备转化为氮气钻进。但是由于膜制氮设备需要加热到 35℃以上，负荷较大，钻井队配电房控制开关过载，无法供电，制氮设备无法启动，导致无法转为氮气钻井。继续空气钻进，10 日 5:13 钻进至井深 3925.02m，起钻换钻头，起出钻头外径 214.5mm(有掉齿)，牙轮单手可以活动；稳定器直径 213mm，钻进过程中粉尘干燥。

5. 第五支钻头情况

第五趟钻下的是 HJT637GH 钻头，更换了钻头、全部稳定器、减振器和回压阀，11 月 11 日 4:50 下钻至 3895m 遇阻，循环划眼有小水流，7:20 划眼到底，9:23 开始钻进，钻压 20~30kN，气量 148m³/m，压力 2.77MPa，11 日 20:36 井深 3945m，转化为氮气钻进，钻进至 3949.41m 又转化为空气钻进，22:18 钻进至 3950m，终止气体钻进，转为常规钻井，XS271 井空气钻井结束。新钻头进尺 24.98m，平均机械钻速 2.85m/h。

## 七、气体钻井效果对比

XS217 井气体钻井效果和邻井相比，效果明显，提速 4.39 倍，缩短钻井周期 37.59 天，减少钻头用量 9 只，节约成本 315 万元，统计结果见表 10-9。

表 10-9　XS217 井气体钻井与 XS901 常规钻井相同井深(2850~3950m)对比

| 井号 | 钻井方式 | 机械钻速 m/h | 提高倍数 | 钻井周期 d | 周期差值 d | 钻头用量 个 | 钻头差值 个 | 钻进成本 万元 | 节约成本 万元 |
|---|---|---|---|---|---|---|---|---|---|
| XS901 | 常规钻井 | 1.03 | 4.39 | 67 | 37.59 | 14 | 9 | 670 | 315 |
| XS271 | 气体钻井 | 5.55 | | 29.41 | | 5 | | 355 | |

# 第三节　GS2 井

## 一、地层适应性和经济性评价

GS2 井是 2008 年在 GL 构造的一口气体钻井，由于有了近三年的经验，气体钻井选层选井技术进一步提高，因此效果也更好，经济效益更好。其地质适应性和经济评价如下：

(1) 该区块深层常规钻井较慢，平均 1m/h 左右，从 3250~4770m 有 1520m 适合气体钻井井段，井段长，有望获得比较好的经济效益。

(2) 地层稳定性好出水量少，根据邻井测井数据，进行了出水的预测和井壁稳定性预测，井壁稳定性预测表明井壁稳定，没有易坍塌地层。井壁稳定预测如图 10-7 所示，出水预测见表 10-10，出水预测表明虽有小水层，可通过微量出水钻进技术解决。

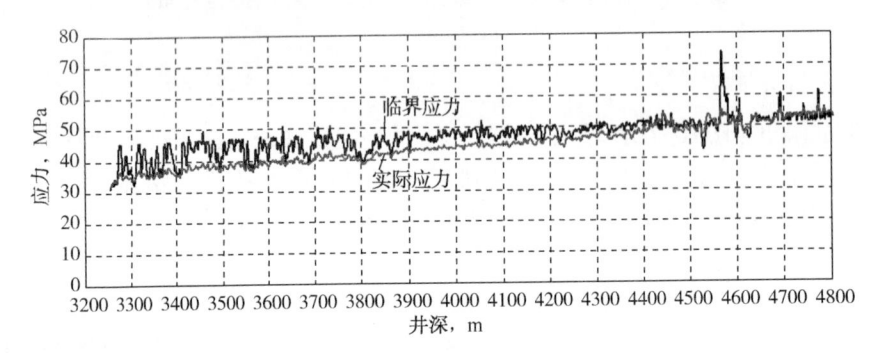

图 10-7　GS2 井井壁稳定性预测

表 10-10　GS2 井地层出水预测

| 井深<br>m | 渗透率 K<br>mD | 测井解释结果 | 预测出水量<br>m³/h | 黏土表面吸附水量<br>m³/h | 现场监督记录描述 |
|---|---|---|---|---|---|
| 3215~3223 | 0.01 | 干层 | 0.03 | 0.03 | 循环/划眼，15：30 出口见水流。井深 3269m，17：47 粉尘干燥。20：26 活动钻具，上提摩阻大，最大达到 200t |
| 3227~3229 | 0.01 | 干层 | 0.01 | 0.03 | |
| 3327~3336 | 0.01 | 干层 | 0.03 | 0.03 | |
| 3399~3411 | 0.48 | 干层 | 1.92 | 0.03 | |
| 3439~3441 | 0.03 | 干层 | 0.02 | 0.03 | |
| 3549~3550 | 0.05 | 干层 | 0.19 | 0.03 | |
| 3630~3637 | 0.02 | 干层 | 0.07 | 0.03 | |
| 3742~3746 | 0.01 | 干层 | 1.35 | 0.03 | 循环/划眼出水，井深 3745m，扭矩不稳。出水大约 35min |
| 3755~3760 | 0.01 | 干层 | 0.04 | 0.03 | |
| 3875~3877 | 0.02 | 干层 | 0.15 | 0.03 | |
| 3898~3901 | 0.01 | 干层 | 0.01 | 0.03 | 井深 3950.51m，发现出水，出水量大约 2m³ |
| 3976~3978 | 0.03 | 干层 | 2.15 | 0.03 | |
| 3979~3980 | 0.02 | 干层 | 0.44 | 0.03 | |

续表

| 井深<br>m | 渗透率 $K$<br>mD | 测井解释结果 | 预测出水量<br>$m^3/h$ | 黏土表面吸附水量<br>$m^3/h$ | 现场监督记录描述 |
|---|---|---|---|---|---|
| 4030~4031 | 0.16 | 干层 | 0.07 | 0.03 | 4125.17m 循环/划眼扭矩波动大，最大 10kN·m；4158.05m 循环，15：25，出口少量出水；16：07，出口返出干燥粉尘；21：58—22：04，憋停两次，最大扭矩 16kN·m，开 3 台空压机，循环，22：23。憋停一次，最大扭矩 16kN·m，上提，循环。0：25，憋停两次，最大扭矩 15kN·m，降低转速，渐渐正常。0：48，憋停一次，最大扭矩 15kN·m，4191.94m 循环，15：20，出口除少量出水。15：54，无水返出 |
| 4046~4048 | 0.03 | 干层 | 0.03 | 0.03 | |
| 4073~4074 | 0.01 | 干层 | 0.01 | 0.03 | |
| 4076~4077 | 0.07 | 干层 | 1.54 | 0.03 | |
| 4102~4104 | 0.01 | 干层 | 0.01 | 0.03 | |
| 4133~4137 | 0.05 | 干层 | 4.64 | 0.03 | |
| 4185~4187 | 0.02 | 干层 | 1.12 | 0.03 | |
| 4669~4671 | 0.42 | 含气水层 | 7.18 | 0.03 | 事故发生过程：25 日 2：20 下钻到底，循环，出口见少量水，约 $0.2m^3$，4：30 牙轮钻进至 4771.89m 时储层出气，井下坍塌填埋钻具造成卡钻 |

GS2 井出水层位多，但出水量较少，由于黏土的吸附性（根据 GS1 井黏土矿物绝对量分析化验报告，按平均 2%计算），井口少见出水现象，但由于黏土的水化膨胀导致钻进施工扭矩波动大，设计中考虑 310Ⅱ层为含气水层，以下多为气层，综合考虑井壁稳定预测结果，设计气体钻井钻至 4700m。

GS2 井经济性评价如图 10-8 所示。

由于井段长，获得经济效益好的可能性很大。

## 二、基本情况

GS2 井基本情况见表 10-11。

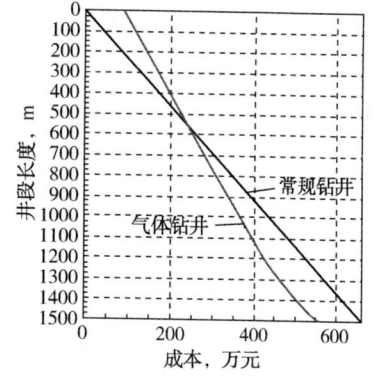

图 10-8 GS2 井经济性预测

**表 10-11 GS2 井基本情况**

| 队号 | XX007 |
|---|---|
| 钻机型号 | ZJ70D |
| 钻井泵型号 | F1600×3 |
| 设计井深 | 5300m |
| 技套下深 | 3250m |
| 钻杆 | 127mm 18°锥度钻杆（钢级 S135，最小内径 74mm） |
| 气体钻井井段 | 3250~4770m |

续表

| 开钻次序 | 钻头尺寸×井深 mm×m | 套管尺寸×下深 mm×m | 套管下入地层层位 | 环空水钻井液返深 m | 备注 |
|---|---|---|---|---|---|
| 一开 | φ660.4×300 | φ508.0×300 | N5段 | 地面~300 | 插入式固井 |
| 二开 | φ444.5×1850 | φ339.7×1849 | Q4段 | 地面~1850(1.60g/cm³) | 低密度插入式固井 |
| 三开 | φ311.2×3250 | φ244.5×3248 | D4段 | 地面~2400(1.60g/cm³)<br>2400~3250(1.90g/cm³) | 双密度固井 |
| 四开 | φ215.9×5300 | φ139.7×5297 | SHZ组 | 二级：1200~3050<br>一级：3350~5300 | 不连续分级固井 |

## 三、地层和岩性

GS2井地层岩性描述见表10-12。

**表10-12　GS2井地层岩性描述**

| 系 | 统 | 组 | 段 | 深度 m | 厚度 m | 油层 | 岩性描述 |
|---|---|---|---|---|---|---|---|
| | | 第四系 | | 25 | | | 顶部为灰黑色腐殖土，其下为灰黄色粉砂质黏土、灰色粉粒流砂层 |
| 白垩系 | 上白垩统 | MS组 | 二段 | | | | |
| | | | 一段 | | | | |
| | | SFT组 | | 290 | 125 | | 上部为棕红色泥岩，下部为绿灰色、棕红色泥岩与绿灰色泥质粉砂岩，粉砂岩呈不等厚互层 |
| | 下白垩统 | NJ组 | 五段 | 490 | 200 | HDM | 上部为紫红色、绿灰色泥岩，下部为绿灰色、灰色、紫红色泥岩夹绿灰色泥质粉砂岩薄层 |
| | | | 四段 | 730 | 240 | | 绿灰色、灰色泥岩、灰色粉砂质泥岩与灰色泥质粉砂岩、粉砂岩、棕灰色含油粉砂岩呈不等厚互层，局部夹紫红色泥岩 |
| | | | 三段 | 829 | 99 | | 由灰绿色泥岩，灰色、绿灰色泥质粉砂岩、粉砂岩，棕灰色含油粉砂岩组成三个反旋回 |
| | | | 二段 | 1053 | 224 | | 大段深灰色、黑灰色、灰黑色泥岩夹粉砂质泥岩，底部为黑褐色油页岩 |
| | | | 一段 | 1160 | 107 | SET | 大段灰黑色泥岩夹薄层油页岩及介形虫泥岩 |
| | | YJ组 | 二、三段 | 1296 | 136 | | 绿灰、紫红、暗紫红色泥岩夹绿灰色泥质粉砂岩薄层 |
| | | | 一段 | 1341 | 45 | PTH | 上部为绿灰、灰绿色泥岩，中、下部为紫红色泥岩与灰绿色泥质粉砂岩，灰棕色含油粉砂岩呈不等厚互层 |
| | | QSK组 | 二、三段 | 1759 | 418 | GTZ | 大段深灰、黑灰、灰黑色泥岩夹黑褐色油页岩、黑色介形虫薄层 |
| | | | 一段 | 1844 | 85 | | 灰黑、黑色泥岩夹三组黑褐色油页岩薄层 |

续表

| 地质分层 ||| 深度 m | 厚度 m | 油层 | 岩性描述 |
|---|---|---|---|---|---|---|
| 系 | 统 | 组 | 段 |||||
| 白垩系 | 下白垩统 | QT组 | 四段 | 1935 | 91 | FY | 紫红、灰绿、绿灰色泥岩、粉砂质泥岩与绿灰色泥质粉砂岩、粉砂岩、褐黑色含油粉砂岩呈不等厚互层 |
| ^ | ^ | ^ | 三段 | 2320 | 385 | YDCZ | 暗紫、紫红色泥岩、粉砂质泥岩与紫灰色泥质粉砂岩、粉砂岩呈不等厚互层 |
| ^ | ^ | ^ | 二段 | 2710 | 390 | | 灰绿、暗紫色泥岩、粉砂质泥岩与紫灰、灰色泥质粉砂岩、粉砂岩、细砂岩呈不等厚互层 |
| ^ | ^ | ^ | 一段 | 2980 | 270 | | 深紫、绿灰色泥岩、粉砂质泥岩与灰、紫灰色泥质粉砂岩、粉砂岩呈不等厚互层。与下伏地层呈不整合接触 |
| ^ | ^ | DLK组 | 四段 | 3320 | 339 | | 紫红、深灰色泥岩、粉砂质泥岩与灰、紫灰色泥质粉砂岩、粉砂岩呈不等厚互层，下部可能偶有少量绿灰色泥岩 |
| ^ | ^ | ^ | 三段 | 3760 | 440 | | 深紫色泥岩、粉砂质泥岩与灰色泥质粉砂岩、粉砂岩、细砂岩呈不等厚互层 |
| ^ | ^ | ^ | 二段 | 4010 | 250 | | 顶部为深紫色泥岩、粉砂质泥岩与紫灰色泥质粉砂岩呈不等厚互层；其下为深紫、绿灰色泥岩、粉砂质泥岩与灰色泥质粉砂岩、细砂岩呈不等厚互层 |
| ^ | ^ | ^ | 一段 | 4200 | 190 | | 深紫、深灰、绿灰色泥岩、粉砂质泥岩与灰色泥质粉砂岩、细砂岩呈不等厚互层，中部夹一薄层灰白色细砂岩，砂岩普遍层厚。与下伏地层呈不整合接触 |
| ^ | ^ | YC组 | | 4920 | 720 | | 上部为深灰色沉凝灰岩与灰色凝灰质细砂岩呈不等厚互层；中部以大段中酸性火山喷发岩为主，流纹岩、火山角砾岩、流纹质凝灰岩呈不等厚互层；下部可能钻遇安山质玄武岩、安山岩 |
| ^ | ^ | SHZ组 | | 5300 | 380 | | 为黑、黑灰色泥岩、粉砂质泥岩、灰、灰白色砂质砾岩、杂色砂砾岩、粉砂岩、凝灰质砂砾岩夹煤层 |

## 四、气体钻井设备

GS2井气体钻井设备见表10-13。

**表10-13 GS2井气体钻井设备**

| 序号 | 名称 | 型号 | 单位 | 数量 | 备注 |
|---|---|---|---|---|---|
| 1 | 增压机 | Konxwestern/E3430 | 台 | 4 | 240m³ |
| 2 | 空压机 | Sullair 1500/350 | 台 | 6 | 240m³ |
| 3 | 制氮设备 | MD40 | 台 | 3 | 120m³ |
| 4 | 地面管汇系统 | 设备配套 | 套 | 1 | |
| 5 | 立管管汇系统 | 设备配套 | 套 | 1 | |
| 6 | 排砂管线 | 通径178~220mm，长120m | 套 | 1 | 含点火装置 |

续表

| 序号 | 名称 | 型号 | 单位 | 数量 | 备注 |
|---|---|---|---|---|---|
| 7 | 控制系统 | 设备配套 | 套 | 1 | |
| 8 | 注气系统数据采集 | 设备配套 | 套 | 1 | |
| 9 | 旋转控制头及井口流程 | XK35-10.5/21 | 套 | 1 | |
| 10 | 旋转总成 | XK35-10.5/21 配套 | 套 | 2 | |
| 11 | 液气分离器 | YQF-8000 | 台 | 1 | |
| 12 | 胶芯 | 127mm | 套 | 10 | |
| 13 | 多功能氮气监测仪 | | 台 | 1 | |
| 14 | 六方钻杆及补心 | | 个 | 1 | |
| 15 | 燃烧管线 | | 套 | 1 | 带防回火装置 |
| 16 | 强制箭形回压阀 | $\phi$159mm、$\phi$165mm | 个 | 各4 | ≥70MPa |
| 17 | 投入式止回阀 | $\phi$159mm | 个 | 1 | |
| 18 | 降尘水泵 | 3kW | 个 | 2 | |
| 19 | 降尘水罐 | 20~30m$^3$ | 个 | 1 | |
| 20 | 台肩钻杆 | 5in×18° | m | 999 | |
| 21 | 立管转换接头 | 2$\tfrac{7}{8}$in | 个 | 1 | ≥20MPa |
| 22 | 双向减振器 | $\phi$159mm | 个 | 1 | ≥70MPa |
| 23 | 甲烷(天然气)监测报警仪 | | 个 | 3 | 钻台和录井口 |
| 24 | 防爆排风扇 | ≥5kW | 个 | 3 | 钻台和录井口 |
| 25 | 消防器材 | | | | 按欠平衡标准配置 |
| 26 | 正压式空气呼吸器 | | | | 按规定配置 |

## 五、钻具结构

$\phi$215.9mm（BITQ537CG牙轮）×0.24m + $\phi$214mmSTB×1.50m + $\phi$159mmSDC×1.38m + $\phi$214mmSTB×1.38m + $\phi$159mmDC×9.35m + $\phi$214mmSTB×1.38m + $\phi$165mmJHF×0.88m + $\phi$159mmSJ×4.10m + $\phi$159mmDC×269.99m + $\phi$127mmDP。

## 六、钻井过程

### (一)气举和干燥井眼

本井分三段进行气举，气举时返出物走排砂管线，使用1台15MPa×80m$^3$的增压机、2台空压机注气，泵冲20冲/min(注入清水)进行气举。2008年4月25日3:11第一次气举，钻具下深1500m，压力最高8.63MPa。3:42排砂口有水返出，3:50气体返出。4:00第一次气举结束。7:00开始第二次气举，钻具下深2500m，压力最高8.66MPa。8:02排砂口有水返出，8:11气体返出，8:35第二次气举结束。19:07开始第三次气举，钻具下深3250m；20:30排砂口有水返出，压力最高7.75MPa；21:25压力下降至1.92MPa后停增压机,开 4 台空压机干燥井眼,26 日 5:00 干燥井眼完毕。

**(二) 气体钻井施工情况**

1. 第一趟钻

施工井段 3250~3950m,空气钻井进尺 700m,总钻时 55.1h,平均机械钻速 12.7m/h。

4 月 27 日 6:30 开始四开空气锤气体钻进,设计钻压 20~25kN,实际钻压 0~10kN,转数 25r/min,扭矩 5.5kN·m,动摩阻 20 kN,使用 2 台空压机,注压 1.85MPa。5min 后出口粉尘返出,粉尘干燥,层位 D4 段。10:55 井深 3281m,扭矩跳动并憋停转盘,扭矩 5.5~11kN·m,循环划眼后,再次探底扭矩仍波动,继续循环划眼。12:00 下放钻具,转速 20r/min,扭矩 5.3kN·m,到底后扭矩仍波动严重,自 5.3~11kN·m 时常憋停转盘,后逐渐平稳,分析为空气锤所钻岩屑块较大,井底存有块状岩屑致使扭矩波动。13:10 扭矩恢复平稳,正常钻进,钻压 10kN、转速 25r/min、扭矩 5.5~6.0kN·m,悬重 1560kN,注压 1.6MPa。16:00 钻至全方入 3304.93m,用时 36min,平均钻时 4min/m,但循环注压逐渐升高至 1.85MPa。16:20 采用 3 台空压机循环,排量 120m³/min,注压 1.96MPa,注压逐渐降至 1.65MPa 恢复正常。28 日 4:00 井深 3381m 时上提摩阻 100kN、下放摩阻 50kN、扭矩 5.7~6kN·m,此单根循环 5min。D4 段自 3250~3320m,进尺 70m,纯钻 5.2h,机械钻速 13.46m/h。4 月 29 日 6:00 井深 3704m,日进尺 132m,纯钻 9.8h,机械钻速 13.47m/h,决定短起下钻,疏通井眼,采用 3 台空压机,1 台增压机循环,注压 2.4MPa,共计循环 1.5h,出口无粉尘。8:40—12:50 短起下 13 柱,起钻第 1 根刮卡 200kN,经大幅度活动后钻具提出,其余上提显示摩阻 80kN,下钻较顺利,到底后循环 50min,出口未见粉尘及水滴,井眼较干净。14:00 正常钻进,扭矩及出砂口粉尘正常。4 月 30 日钻至井深 3760m 时到 D3 段底,D3 段总长 440m,纯钻时间 33.5h,平均机械钻速 13.13m/h。5 月 1 日 8:11 扭矩波动增大 7.5~10kN·m,停钻循环;18:16 井深 3933.06m,扭矩波动 8~14kN·m,转盘憋停,开 3 台循环,上提活动刮卡 200~400kN;20:30 钻至井深 3950m 时起钻,起钻原因是起钻检查冲击总成及空气锤头的磨损情况。总钻时间 55.1h,总进尺 700m,平均机械钻速 12.7m/h。

起出的空气锤头为 2 级磨损,边齿掉一颗,外径 212mm,缩径 4mm,冲击器拆开后橡胶件基本已到使用寿命。

2. 第二趟钻

施工井段 3950~3995.71 m,第二趟钻总进尺为 45.71m,总钻时间为 7.8h,平均机械钻速为 5.86m/h。

5 月 2 日 23:45 开始循环,23:52 气体返出。5 月 3 日 0:23 粉尘返出,0:40 发现出水,循环干燥,1:20 水流断流,返出干燥粉尘,出水量现场估算大约 2m³,最高注气压力 2.07MPa。2:00 正常钻进,钻压 0~20 kN,转数 25r/min,扭矩为 7.5~10.5kN·m,波动较大,自动送钻快时有憋停现象,钻进期间多次上提循环。5:16 钻进至井深 3960.5m 后扭矩平稳,此后扭矩基本稳定在 8~8.7kN·m 之间。5 月 3 日 15:25 钻进至井深 3995.71m,钻压 20 kN,扭矩在 3~10kN·m 之间波动,无进尺,3 台空压机循环。循环过程中,注气压力持续上涨 2.42~3.46MPa,分析为空气锤失效。16:12 决定起钻。起钻完毕后试空气锤,冲击器失效;锤头外径 213mm,缩径 2mm;在地面拆开后发现空气锤尾管断裂。

3. 第三趟钻

划眼井段3260~3754m，纯划眼时间53h。

5月4日14：00下钻至3260m遇阻100kN（钻头出技套10m），14：15开始注气循环，15：00开始划眼，钻压有时显示20kN左右，扭矩正常（5~6kN·m），有时波动到12kN·m左右，停转盘试下放，但不能连续下放，遇阻较为明显；15：30—16：00排砂管线出口见细小水流，估算出水量近0.5m³，16：00正常粉尘返出。5月5日6：00划至3380m，划眼井段为3260~3380m，15h共划眼120m，纯划眼时间为12h。5月6日6：00划至3570m，划眼钻压显示0~20kN，扭矩正常（5~6kN·m），有时波动到11kN·m左右，停转盘不能持续下放，遇阻较为明显。划眼井段为3380~3570m，24h共划眼190m，纯划眼时间为20h，累计纯划眼32h。5月7日6：00划至3754m，循环准备起钻换钻头。划眼钻压显示0~30kN、扭矩正常（7~8kN·m）、有时波动到14kN·m左右，停转盘不能持续下放，遇阻较为明显，划眼井段为3570~3754m，24h共划眼184m，纯划眼时间为20h，累计纯划眼53h。

4. 第四趟钻

划眼井段3754~3995.71m，纯划眼时间25h。

施工井段3995.71~4158.05m，第四趟钻总钻时间25.3h，总进尺162.34m，平均机械钻速6.42m/h。

5月8日13：00下钻到底，13：40注气循环，注气量120m³/min，注压1.9MPa，15：00循环完毕开始划眼，扭矩6~8kN·m。14：40—15：15排砂口见细小水流，出水量约0.5m³。划眼段3754~3850m，平均60min/根，扭矩7.5~8.5kN·m，有时扭矩波动上涨出现转盘憋停现象。5月10日1：00划眼到底，划眼井段3260~3995m，累计划眼735m，累计纯划眼时间78h，该井段划眼共计用时5.5天。1：30开始钻进，钻压30~50kN，转速60r/min，注压2.1MPa，注气量120m³，扭矩8.8~9.2kN·m，钻时平均在8~10min/m。5月11日6：00钻至井深4125m，钻时平均在10min/m，扭矩9~9.8kN·m。13：10钻至4155.8m，扭矩由正常10kN·m波动到16kN·m，停钻上提活动钻具，又试钻进，至14：00钻至4158.05m，在此期间扭矩共波动4次，范围在0~16.5kN·m，后来扭矩出现连续波动，14：00停钻循环准备起钻，起钻原因为扭矩出现连续波动。16：00开始起钻。5月12日5：00起完，钻头及稳定器磨损情况如下：617牙轮钻头外径213mm，有2个轮轴承旷动，间隙2mm左右，稳定器1号外径210mm（棱带底端钨钢条磨掉外径206mm）、2号和3号外径212mm。

5. 第五趟钻

施工井段4158.05~4191.94m，总钻时间7.07h；总进尺33.89m，平均机械钻速4.79m/h。

5月13日14：20下到井底，14：40开始注气循环，15：25排砂管线出口见细小水流，水流持续到16：05结束，出水量约为0.5m³，16：15出口为正常粉尘。16：45开始钻进，钻压无显示，转速25r/min，注气量80m³/min，注压1.9MPa，扭矩9~9.5kN·m，钻速6~8min/m；20：30钻至4178m时扭矩出现波动，范围在5~12kN·m（正常值9.5~10kN·m）。2130钻至4181m后接单根，22：00开始钻进，锤头刚接触井底扭矩波动较大，扭矩涨至16kN·m将转盘憋停，上提活动钻具循环6min又试钻进，扭矩波动较为频繁，只能采取控制送钻速度防止扭矩过大将转盘憋停。5月14日3：35钻至4191.28m，该单根钻进过程中扭矩波动频繁并且扭矩波动范围较大，扭矩最高波动到14~16.5kN·m，最低到0，后半个单根采取控制送钻速度和扭矩波动停钻活动钻具的方法，将整个单根打完，4：00接完单根后循环准备起钻。空气锤在该井段钻进过程中钻压始终无显示。5月14日6：00起钻，8：00起钻杆15柱，领导决定下钻将注气量由80m³/min改为120m³/min进行钻进。9：50下钻到底，9：55注气循环，注压2.2MPa。10：30开始试钻进，转速25~30r/min、注气量120m³/min、注压2.5MPa、扭矩正常值8.5~9kN·m，扭矩波动较大，范围在2~16kN·m，其间曾两次因扭矩过大将转盘憋停，试钻进情况与上次起钻前的空气锤使用状况相同；到11：15钻至4191.94m，进尺0.66m用时45min，决定起钻。起钻原因，波动范围较大，转盘多次被憋停。

6. 第六趟钻

施工井段4191.94~4441.37m，总钻时间36.92h，总进尺249.43m，平均机械钻速6.76m/h。

5月15日14：30下钻到4158m（上次空气锤开始打钻深度）遇阻120kN，14：40注气循环（120m³/min、1.9MPa），15：30~15：50排砂口见细小水流，出水量约0.3m³，16：00开始划眼，钻压0~10kN，转速50r/min，扭矩4.5~5kN·m，注气量120m³/min，注压2MPa，划到4167m扭矩开始上涨，涨到7.5~10kN·m，4158~4167m为上次空气锤钻具组合中所带稳定器已经修整过的井眼，扭矩相对较小；4167~4191.94m为稳定器未修整过的井眼，扭矩相对较大（稳定器距空气锤头24m）；21：15划到井底开始钻进，钻压30kN，转速60r/min，扭矩9.5~10kN·m，注气量120m³/min，注压2.1MPa，钻时平均在12min/m。5月16日5：35钻至4229.81m由于旋转总承胶心漏气严重，停钻循环后更换旋转总成。4230~4297m钻时较快，为5min/m。5月17日6：00钻至井深4356.60m，钻时6~10min/m，进尺快时扭矩为10.6~11kN·m，进尺慢时扭矩为11.5~12kN·m。6：15—9：15气测调试仪器，9：50—12：10气测调试仪器，2次停钻时间共计320min；4355~4375m钻时较快，为6min/m。5月18日4：40—5：29无进尺，上提循环、活动，重新下放钻压加至80kN，6：00钻至井深4435.23m，钻时10~15min/m，进尺快时扭矩为11.5~12.0kN·m，进尺慢时扭矩为12.0~12.6kN·m。7：35钻至井深4441.37m后循环，9：00起钻，起钻原因为进尺变慢，扭矩波动大。19：00起完，钻头及稳定器磨损情况如下：637牙轮钻头外径212mm，有1个轮轴承旷动、1个轮轴承卡死（Y4，Z6，J3.9），稳定器1号外径209mm、2号外径212mm、3号外径213mm。

7. 第七趟钻

施工井段4441.37~4571.04m，总钻时间24.53h，进尺129.67m，平均机械钻速5.29m/h。

5月19日13：00下钻到底，13：05开始注气循环，13：30开始钻进，钻压50kN、转速60r/min、扭矩11.5~11.9kN·m、注气量120m³/min、注气压力2.06MPa，13：50排砂管线出口见细小水流，水流持续到14：08结束，出水量约为0.3m³，14：10出口为正常粉尘。5月20日03：55井深4511m时扭矩波动，最大至16kN·m，钻盘憋停。6：00钻至井4516.60m，钻时6~9min/m，进尺快时扭矩11.6~12.0kN·m，进尺慢时扭矩12.5~13.2kN·m。14：33井深4535.92m扭矩波动，最大至16.3kN·m，钻盘憋停。17：00井深4543.60m扭矩波动，最大至16kN·m，上提循环。18：52 井深4547.72m扭矩波动增大16kN·m，转盘憋停。19：03 转盘打倒转，进行上提下放循环，上提遇卡，上提至2200kN（原悬重1900kN）无效果，后提至2400kN解卡。20：59 井深4552.56m时扭矩增大至16kN·m，转盘憋停。21：47 井深4553.74m时扭矩增大至16kN·m，转盘憋停。23：40 井深4558.27m扭矩增大至16kN·m，上提循环后正常钻进。23：55 井深4559.63m扭矩增大至16kN·m，转盘憋停。23：55 井深4559.63m扭矩增大至16kN·m，上提循环，上提磨阻200kN，下放磨阻150kN。5月21日5：00 钻至井深4571.04m，钻时变慢。4562m之前钻时为9~15min/m。分析牙轮齿磨损严重。进尺快时扭矩11.8~12.4kN·m、进尺慢时扭矩12.5~13.4kN·m。5：30 起钻，起钻原因扭矩波动大，多次将转盘憋停，进尺变慢。19：30 起完，牙轮钻头外径211mm、3个轮轴承均旷动、间隙1~2mm，(Y5，Z5，J4.9)，稳定器1号外径211mm，稳定器2号外径211mm，稳定器3号外径212mm。

8. 第八趟钻

施工井段4571.04~4749.24m，总钻时间25.89h，进尺178.20m，平均机械钻速6.88m/h。

5月22日8：00 下钻到底，8：10 开始注气循环，注气量160m³/min、注气压力2.50MPa，8：52 排砂管线出口见细小水流，水流持续到9：45 结束，出水量约为0.5m³，10：02 出口为正常粉尘；9：50—11：00 在4565~4571m进行划眼，扭矩12~13kN·m，12：35 开始钻进，钻压50kN、转速60r/min、扭矩12.5~13.5kN·m、注气量160m³/min、注气压力2.56MPa，5月24日0：00 钻至井深4749.24m。4740~4749m扭矩由13~14kN·m涨至15kN·m左右，1：00 起钻，起钻原因为扭矩变大，进尺变慢。13：00 起完，牙轮钻头外径214mm、2个轮轴承微旷、间隙1~2mm，稳定器1号外径213mm（棱带上部磨损至212mm）、2号和3号外径均为213mm。

9. 第九趟钻

施工井段4749.24~4771.89m，总钻时间2.42h，进尺22.65m，平均机械钻速9.36m/h。

5月25日1：40 下钻到底，2：20 开始注气循环，注气量160m³/min，3：00 排砂管线出口见细小水流，水流持续到3：35 结束，出水量约为0.2m³，4：05 出口为干燥粉尘；4：40 开始钻进，钻压20kN、转速60r/min、扭矩14.5~15.5kN·m、注气量160m³/min、注气压力2.58MPa；4：56 井深4750.83m扭矩波动增大，转盘憋停，为16kN·m，上提循环后正常钻进。8：27 钻至井深4771.89m时，扭矩由15kN·m涨至18kN·m，转盘憋停，上提活动钻具；8：30 气测全烃突然显示58%，紧急启动膜制氮，同时组织人员点火（此后一直是长明火），注气压力开始上升（2.66MPa涨至3.5MPa，注气量160m³/min），上提活动钻具遇卡300kN；8：35 点火成功，火苗长度2~3m，全烃值50%~55%，出口气量逐渐减小，压力为6.1MPa且持续上升，8：38 火熄灭，8：40 烃值最高达到66‰；8：45 开始注入氮气，注气量120m³/min、压力达到6.63MPa持续上升，后转为常规钻井。

## 七、气体钻井效果对比

气体钻井效果统计见表10-14。

表 10-14　GS2 井气体钻井与 GS1 井常规钻井相同井深（3250.00~4771.89m）效果对比

| 井号 | 钻井方式 | 机械钻速 m/h | 提高倍数 | 钻井周期 d | 周期差值 d | 钻头用量 个 | 钻头差值 个 | 钻进成本 万元 | 节约成本 万元 |
|---|---|---|---|---|---|---|---|---|---|
| GS1 | 邻井常规钻井 | 1.37 | 5.01 | 124 | 95 | 34 | 25 | 1240 | 890 |
| GS2 | 气体钻井 | 8.23 | | 29 | | 9 | | 350 | |

## 第四节　YS2 井

### 一、地层适应性和经济性评价

YS2 井是 2008 年的一口气体钻井,该井非产层段是空气钻井提高钻井速度,缩短钻进周期,后面是氮气钻井保护储层,地质适应性和提速经济评价如下。

（1）该区块深层常规钻井较慢,平均 1m/h 左右,提速有望获得好效果。

（2）地层稳定性好（图 10-9）出水量少,根据邻井测井数据,进行了出水的预测,虽有小水层,可通过微量出水钻进技术解决,预测与实际对比见表 10-15。

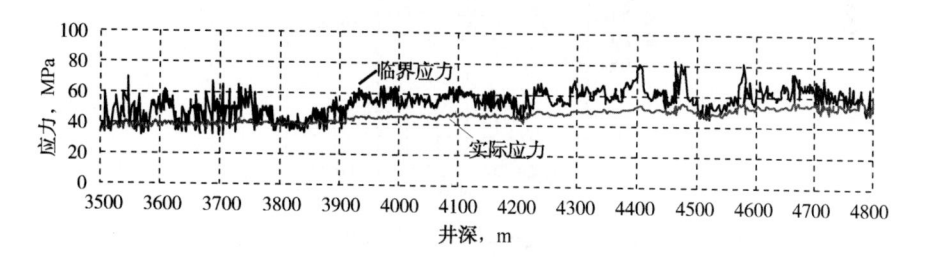

图 10-9　YS2 井井壁稳定性预测

表 10-15　YS2 井地层出水预测

| 层号 | 厚度 m | 井深 | K mD | 测井解释结果 | 预测出水量 m³/h | 现场监督记录及监督总结描述描述 |
|---|---|---|---|---|---|---|
| 222 | 1.0 | 3650.0~3651.0 | 0.01 | 干层 | 0.33 | 第一只钻头钻进到 3649m,进尺 159m,停钻更换旋转总成（15:00—15:50）。更换完循环时出口有小水溜滴,循环 3min 后出口干燥。井深 3800m 起钻换钻头下钻到底循环时有水流,30min 后粉尘干燥。在钻开储层,起钻到技套内循环观察、完成试采测试后下钻到 3784m 遇阻,循环划眼过程中,排砂管口见小水流 |
| 242 | 1.6 | 3784.0~3785.6 | 0.01 | 干层 | 0.41 | |
| 243 Ⅰ | 74.6 | 3786.9~3861.5 | 0.20 | 含气水层 | 5.94 | |
| 243 Ⅱ | 60.0 | 3878.6~3938.6 | 0.54 | 含气水层 | 13.22 | |
| 244 Ⅰ | 24.0 | 3953.6~3977.6 | 0.16 | 含气水层 | 1.60 | |
| 244 Ⅱ | 58.0 | 3983.0~4041.0 | 0.04 | 干层 | 5.97 | |
| 244 Ⅲ | 19.0 | 4054.3~4073.3 | 0.17 | 水层 | 14.38 | |

（3）提速经济性预测。从提速长度看,效果不明显,如图 10-10 所示。

（4）保护储层的产能和经济性评价。根据地质参数进行氮气钻井产能预测如图 10-11 所示。

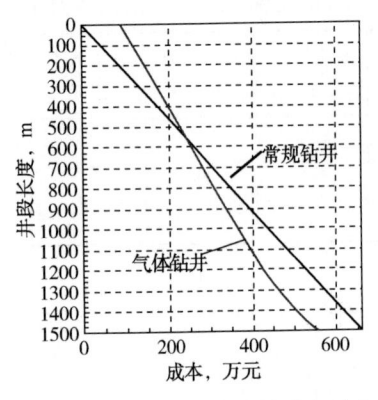

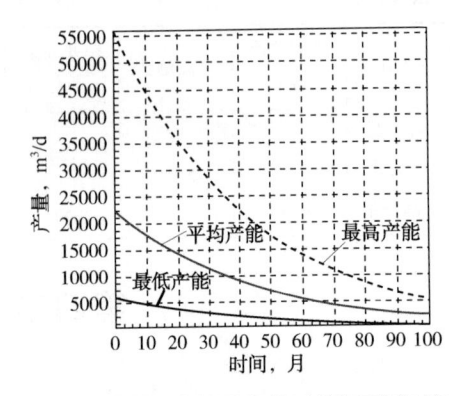

图 10-10　YS2 井气体钻井成本对比　　图 10-11　气体欠平衡裸眼完井天然气不同时间产能

根据计算模型计算,该井能够收回成本,并获得好的经济效益,如图 10-12 所示。

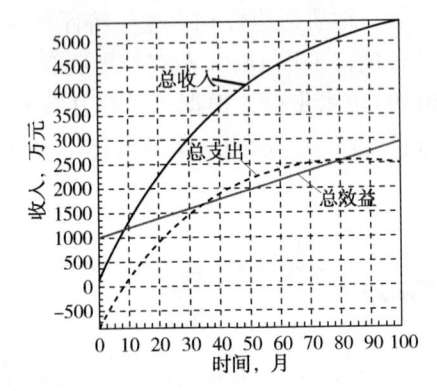

图 10-12　气体欠平衡裸眼完井天然气经济效益

因此从提速和储层保护两方面综合考虑,是有经济效益的。

## 二、基本情况

YS2 井基本情况见表 10-16。

表 10-16　YS2 井基本情况

| 队号 | XX006 |
|---|---|
| 钻机型号 | ZJ70D |
| 钻井泵型号 | F1600×3 |
| 设计井深 | 5100m |
| 技套下深 | 3490m |
| 钻杆 | 127mm 18°锥度钻杆(钢级 S135,最小内径 74mm) |
| 气体钻井井段 | 3490~3990m |
| 井身结构 | |

续表

| 开钻次序 | 钻头尺寸×井深 mm×m | 套管尺寸×下深 mm×m | 套管下入地层层位 | 环空水钻井液返深 m | 备注 |
|---|---|---|---|---|---|
| 一开 | φ444.5×350 | φ339.7×348 | N5 段 | 地面~300 | 插入式固井 |
| 二开 | φ311.2×3490 | φ244.5×3489 | Q4 段 | 地面~3489（1.60g/cm³） | 低密度插入式固井 |
| 三开 | φ215.9×5520 | φ139.7×4705 | SHZ 组 | 一级至 3290<br>二级至 1000 | 双密度固井 |

## 三、地层及岩性描述

YS2 井地层岩性描述见表 10-17。

表 10-17　YS2 井地层岩性描述

| 系 | 统 | 组 | 段 | 深度 m | 厚度 m | 主 要 岩 性 描 述 |
|---|---|---|---|---|---|---|
| 白垩系 | 下白垩系 | QSK 组 | 二、三段 | 1387 | 507 | 岩性为深灰色泥岩与灰色粉砂岩呈不等厚互层，底部为黑褐色油页岩 |
| | | | 一段 | 1475 | 88 | |
| | | QT 组 | 四段 | 1600 | 125 | Q4 段为暗紫色泥岩、粉砂质泥岩与紫灰色泥质粉砂岩、粉砂岩呈不等厚互层 |
| | | | 三段 | 2002 | 402 | Q3 段为暗紫、灰绿色泥岩、粉砂岩与灰、绿色泥质粉砂岩、粉砂岩呈不等厚互层； |
| | | | 二段 | 2474 | 472 | Q2、Q1 段：为紫红、紫灰杂灰绿色泥岩、粉砂质泥岩与紫灰色粉砂岩、泥质粉砂岩呈不等厚互层 |
| | | | 一段 | 2896 | 422 | |
| | | DLK 组 | 四段 | 3152.5 | 256.5 | 岩性为深紫、灰绿色泥岩、粉砂质泥岩与灰色泥质粉砂岩、细砂岩、深灰色含泥细砂岩呈不等厚互层 |
| | | | 三段 | 3248.0 | 95.5 | |
| | | | 二段 | 3686.5 | 438.5 | 岩性为深灰、灰黑色泥岩、粉砂质泥岩与灰色泥质粉砂岩、粉砂岩、细砂岩、浅灰色砾岩呈不等厚互层 |
| | | | 一段 | 3761 | 74.5 | |
| | | YC 组 | | 5034.5 | 1273.5 | 上部为泥岩、砂质砾岩、粉砂岩与灰岩不等厚互层，中下部大段中酸性火山喷发岩为主，可能夹少量的沉积岩 |
| | | SHZ 组 | | 5477.5 | 443 | 岩性为黑、灰黑色泥岩，粉砂质泥岩，灰、灰白色砂质砾岩，杂色砂砾岩、凝灰质砂砾岩夹煤层的组合，含较多煤层 |
| 侏罗系 | 上侏罗纪 | HSL 组 | | 5520（√） | 42.5 | 岩性为粉砂质泥岩，灰、灰白色砂质砾岩，凝灰质砂砾岩夹煤层的组合 |
| | 下侏罗纪 | YN 组 | | | | |
| | | BC 组 | | | | |

## 四、气体钻井设备

YS2 井气体钻井设备见表 10-18。

### 表 10-18  YS2 井气体钻井设备

| 序号 | 名称 | 型号 | 单位 | 数量 | 备注 | 负责方 |
|---|---|---|---|---|---|---|
| 1 | 增压机 | Konxwestern/E3430 | 台 | 4 | 240m³ | 钻井院 |
| 2 | 空压机 | Sullair 1500/350 | 台 | 6 | 240m³ | 钻井院 |
| 3 | 制氮设备 | MD40 | 台 | 3 | 120m³ | 钻井院 |
| 4 | 地面管汇系统 | 设备配套 | 套 | 1 | | 钻井院 |
| 5 | 立管管汇系统 | 设备配套 | 套 | 1 | | 钻井院 |
| 6 | 排砂管线 | 通径 178~220mm,长 120m | 套 | 1 | 含点火装置 | 钻井院 |
| 7 | 控制系统 | 设备配套 | 套 | 1 | | 钻井院 |
| 8 | 注气系统数据采集 | 设备配套 | 套 | 1 | | 钻井院 |
| 9 | 旋转控制头及井口流程 | XK35-10.5/21 | 套 | 1 | | 钻井院 |
| 10 | 旋转总成 | XK35-10.5/21 配套 | 套 | 2 | | 钻井院 |
| 11 | 液气分离器 | YQF-8000 | 台 | 1 | | 钻井院 |
| 12 | 胶芯 | 127mm | 套 | 10 | | 钻井院 |
| 13 | 多功能氮气监测仪 | | 台 | 1 | | 井队 |
| 14 | 六方钻杆及补心 | | 个 | | | 井队 |
| 15 | 燃烧管线 | $\phi$203 mm | 套 | 1 | 带防回火装置 | 井队 |
| 16 | 强制箭形回压阀 | $\phi$159mm、$\phi$165mm | 个 | 各4 | ≥70MPa | 井队 |
| 17 | 投入式止回阀 | $\phi$159mm | 个 | 1 | | 井队 |
| 18 | 降尘水泵 | 3kW | 个 | 2 | | 井队 |
| 19 | 降尘水罐 | 20~30m³ | 个 | 1 | | 井队 |
| 20 | 台肩钻杆 | 5in×18° | m | 999 | | 井队 |
| 21 | 立管转换接头 | 2⅞in | 个 | 1 | ≥20MPa | 井队 |
| 22 | 双向减振器 | $\phi$159mm | 个 | 1 | ≥70MPa | 井队 |
| 23 | 甲烷(天然气)监测报警仪 | | 个 | 3 | 钻台和录井口 | 井队 |
| 24 | 防爆排风扇 | ≥5kW | 个 | 3 | 钻台和录井口 | 井队 |
| 25 | 消防器材 | | | | 按欠平衡标准配置 | 井队 |
| 26 | 正压式空气呼吸器 | | | | 按规定配置 | 井队 |

## 五、钻具结构

$\phi$215.9mmBIT(Q537CG 牙轮)×0.24m + $\phi$214mmSTB×1.50m + $\phi$159mmSDC×1.38m + $\phi$214mmSTB×1.38m + $\phi$159mmDC×9.35m + $\phi$214mmSTB×1.38m + $\phi$165mmJHF×0.88m + $\phi$159mmSJ×4.10m + $\phi$159mmDC×269.99m + $\phi$127mmDP。

## 六、钻井过程

### (一)气举

7 日 8:05 开两台空压机一台 80m³ 增压机进行气举,泵冲 25 冲/min(注入清水),但管线阻塞，停止供气。8：56 开两台空压机一台 80m³ 增压机，泵冲 20 冲/min，第一次气举井深 2600m。9：40 出口有水返出，泵冲降到 0.3m³/min（15 冲/min），最高注气压力 10.89MPa。9：55 泵冲降到 0.2m³/min（10 冲/min）。9：56 出口有气体返出。10：56 停增压机，再开一台空压机，共三台空压机干燥循环，11：50 停空压机。14：28 下钻完毕，14：36 开两台空压机，一台增压机进行第二次气举，泵冲 0.4m³/min（20 冲/min）。16：22 排砂管出口有水返出，注气压力最高 8.52MPa，泵冲降为 15 冲/min（0.3m³/min）；16：30 排砂管出口气体返出，17：33 开四台空压机，两台增压机干燥井眼，21：30，干燥井眼完毕。

### （二）钻进

1. 第一趟钻

施工井段 3490~3800m，进尺 310m，纯钻时 39.72h，平均机械钻速 7.8m/h。

在这趟钻的空气钻井施工中，过程比较顺利。使用 3 台空压机、1 台 15MPa×80m³ 的增压机进行注气。9 日 15：00—16：00 更换总成后进行循环，在地质取样口见 3min 细小水流，井深为 3649.27m，其余皆为干燥粉尘。在钻进过程中，扭矩保持在 11~13kN·m，只在井深为 3671m 时发现扭矩波动变大，最大为 23~24kN·m，划眼后变为正常。起出的钻头牙齿磨损 2/8，外径 214.9mm，轴承正常。起出的稳定器外径磨损在 0.6~1mm，3 号稳定器棱带上的钨钢片有几处掉落。

起钻原因井深 3565m 时进入 YC 组，井深 3800m 时已快临近储层，起钻换钻具准备用一个钻头来验证氮气打储层的效果。

2. 第二趟钻

施工井段 3800~3900.27m，其中空气钻进井段为 3800~3879.52m，进尺 79.52m，纯钻时 8.49h，平均机械钻速 8.36m/h；氮气钻进井段 3879.52~3900.27m，进尺 20.75m，纯钻时 4.68h，平均机械钻速 4.43m/h。

在这趟钻的钻井施工中，空气钻进井段使用 3 台空压机、1 台 15MPa×80m³ 的增压机进行注气，氮气钻进井段使用 6 台空压机、3 台膜制氮、1 台 15MPa×80m³ 的增压机进行注气。11 日 10：40 下钻到底，开气循环在排砂口见细小水流，循环到 12：00 出干燥粉尘，12：30 开始钻进。钻进至井深 3879.52m 时，烃值达到 8%，停钻循环，烃值最高达到 10.48%，转换为氮气钻井，此后的一段时间烃值为 8%~10%，试点火未成功。12 日 14：53 烃值达到 16% 点火成功，14：55 烃值达到 20%，第二次点火成功，此时井深 3883m，火焰长度 17~18m，15：12 烃值达到 45% 停钻循环，烃值最高达到 49%，16：19 恢复钻进，烃值稳定在 48.5%。17：36 接完单根后效烃值最高达到 67.7%，20：46 井深 3896.21m 时后效总烃达到 73%。从 3897m 起进尺变缓慢，扭矩波动大。13 日 8：42—19：15 一直循环，点火装置长明火助燃，烃值在 27%~55%（图 10-13），20：30 封井等待求产，套压最高达到 5.8MPa，中途测试最大日产量 38961m³、最小日产量 8778m³，油嘴尺寸为 7.94mm、6.35mm。

### 七、效果和效益

YS2 井气体钻井与邻井常规钻井相同深度效果对比见表 10-19。

氮气钻进过程中见到了气测异常显示,经中途测试,井段为3879.52~3900.27m,油嘴尺寸为$\phi$6.35mm、$\phi$7.94mm。天然气最大日产量38961m³,最小日产量8778m³。

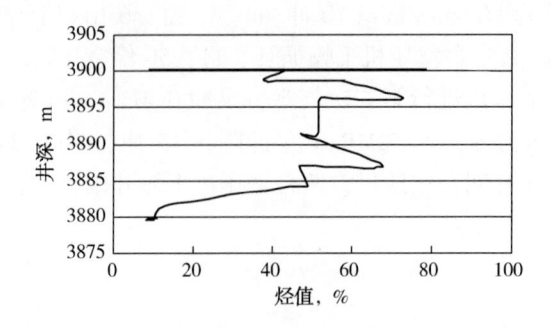

图 10-13 氮气钻井段烃值随井深变化曲线

表 10-19 YS2 井气体钻井与邻井常规钻井相同井深(3490~3890m)效果对比

| 井号 | 钻井方式 | 机械钻速 m/h | 提高倍数 | 钻井周期 d | 周期差值 d | 钻头用量 个 | 钻头差值 个 | 钻进成本 万元 | 节约成本 万元 |
|---|---|---|---|---|---|---|---|---|---|
| YS1 | 常规钻井 | 1.22 | 5.35 | 29 | 24 | 7 | 5 | 290 | 220 |
| YS2 | 气体钻井 | 7.75 | | 5 | | 2 | | 70 | |

# 参 考 文 献

[1] R R Angel. Volume Requirements for Air and Gas Drilling[J] Pet. Trans. , AIME, 1957, 210(1): 325-330.
[2] M G Zabetakis. Flammability Characteristics of Combustible Gases and Vapors[J]. U. S. Bureau of Mines Bulletin, Washington, DC, 11964, 627.
[3] P W Johnson. Design Techniques in Air and Gas Drilling: Cleaning Criteria and Minimum Flowing Pressure Gradients[J]. J. Cdn. Pet. Tech. , 1995, 34(5): 18-26.
[4] P D Allan. Nitrogen Drilling System for Gas Drilling Applications[C]. SPE 28320, 1994.
[5] F M Giger, L H Resis, A P Jouxtlan. The Reservoir Engineering Aspects of Horizontal Drilling [ C]. SPE 13024, 1984.
[6] S D Joshi. Augmentation of Well Production Using Slant and Horizontal Wells[C]. SPE 15375, 1986.
[7] S D Joshi. A Review of Horizontal Well and Dra in Hole Technology[C]. SPE 16868, 1988.
[8] S V Plahn, R A Startzman, R A Wattenbarger. Amethod for Predieting Horizontal Well Performance in Solution-Gas-Drive Reservoirss[C]. SPE Produetion Operations Sym Posium, 1987.
[9] Faruk Givan. 油层伤害原理、模拟、评价和防治[M]. 北京: 石油工业出版社, 2003.
[10] William C. Lyons, Boyun Guo, Farnk A. Seidel. 空气和气体钻井手册[M]. 曾义金, 樊洪海, 译. 北京: 中国石化出版社, 2006.
[11] Boyun Guo, Ali Ghalmbor. 欠平衡钻井气体体积流量的计算[M]. 胥思平, 译. 北京: 中国石化出版社, 2006.
[12] 孟祥光. 当量密度降低与钻井速度提高的关系计算模型[J]. 西部探矿工程, 2017, 29(7): 76-77.
[13] 刘建军, 闫建钊, 程林松. 表皮系数分解与油气层伤害定量评价[J]. 油气井测试, 2005, 14(2): 17-19.
[14] 杨毅. 深层天然气储层出气后气体钻井所需注气量计算模型[J]. 西部探矿工程, 2018, 2: 65-67.
[15] 成绥民, 王天顺. 表皮系数系统分解方法[J]. 钻采工艺, 1991, 14(4): 35-40.
[16] 李静群, 荆蔼林, 彭惠群. 表皮系数分解与增产效果预测[J]. 油气井测试, 1998, 7(1): 6-10.
[17] 贾丽, 赵德云, 田玉栋, 等. 欠平衡钻井经济性影响因素评价分析. 新疆石油科技, 2017: (1)6-9.
[18] 杨同玉, 张福仁, 邓广渝. 应用 DST 测试资料研究油井损害半径和渗透率的新方法[J]. 油气采收率技术, 1996, 3(2): 63-66.
[19] 王新海, 夏位荣, 陈立生. 非均匀污染的污染深度计算方法[J]. 钻采工艺, 1994, 17(1): 61-63.
[20] 贾丽. 气体钻井井口抽吸装置的抽吸计算模型[J]. 西部探矿工程, 2017, 29(10): 68-70.
[21] 段永刚, 陈伟油气层损害定量分析和评价[J]. 西南石油学院学报, 2001, 23(2): 44-46.
[22] 石步乾. 确定油井污染带渗透率及各种表皮因子的方法[J]. 石油钻采工艺, 1993, 15(5): 63-65, 75.
[23] 熊友明, 潘迎德. 各种射孔系列完井方式下水平井产能预测研究[J]. 西南石油学院学报, 1996, 18(2): 58-64.
[24] 杨毅. 气体钻井地层出水量计算新方法[J]. 采油工程, 2012(2): 39-42.
[25] 李传亮. 地面渗透率与地下渗透率的关系[J]. 新疆石油地质, 2008, 29(5): 665-667.
[26] 段立俊. 氮气钻井可混空气量计算模型[J]. 西部探矿工程, 2017, 29(9): 117-118.
[27] 李发印, 孙淑梅. 油气田产量与可采储量预测方法[J]. 大庆石油地质与开发, 1996(3): 35-39, 78.
[28] 董玉辉. 提高气体钻井效率的方法与对策探讨[J]. 采油工程, 2013(1): 45-48.
[29] 高海红, 王新民, 王志伟. 水平井产能公式研究综述[J]. 新疆石油地质, 2005, 26(6): 723-726.
[30] 杨毅, 齐彬, 马晓伟. 气体钻井注气模型优选及设备优化配置分析[J]. 探矿工程(岩土钻掘工程), 2011, 38(7): 53-56.

[31] 秦同洛，陈元千．实用油藏工程方法[J]．北京：石油工业出版社，1989．

[32] 胡建国，陈元千．预测油气田产量的新模型[J]．石油学报，1995(1)：79-87．

[33] 马晓伟，窦金永，董玉辉，等．气体钻井返出岩屑监测方法研究[J]．西部探矿工程，2011，23(6)：83-84，87．

[34] 赵业荣，孟英峰，雷桐．气体钻井理论与实践[J]．北京：石油工业出版社，2007．

[35] 李敬元，李子丰，赵新瑞，等．通用下部钻具三维小挠度静力分析方法[J]．西安石油学院学报(自然科学版)，2000．

[36] 谷玉堂．新型气体钻井安保放气远程控制系统的研制与应用[J]．新疆石油天然气，2018，14(3)：81-83．

[37] 郇健．影响气体钻井注气排量因素分析[J]．西部探矿工程，2012，24(8)：56-59．

[38] 赵德云，杨海波，杨跃波．深井钻具纵向振动规律分析研究[J]．钻采工艺，2002，25(1)：14-16．